脱原発と再生可能エネルギー

【同時代への発言】

吉田文和 著

北海道大学出版会

はじめに

二〇一一年三月一一日の東日本大震災と東京電力福島第一原子力発電所の事故は、いまだに収束していない戦後最大の事件の一つである。ちょうど、この時期の二〇一一年初から朝日新聞WEBRONZAに寄稿を続けてきた約七〇本の論文を、内容別に、第一章 福島原発事故論、第二章 脱原発論、第三章 再生可能エネルギー論、第四章 北海道のエネルギー環境問題、にわけ、時系列に再編成したものが本書である。明らかな誤り以外は、発表当時のままにし、「同時代への発言」として記録に留められることを願った。著者が北海道大学に三六年間奉職した最後の三年半の記録である。

とくに、現時点で区切りをつけて公表するのは、福島原発事故後、日本で本格的な原発再稼働が行われようとする一方で、再生可能エネルギー固定価格買取制度の見直し後退が行われようとしているからである。

第一章の福島原発事故論は、東京電力福島第一原子力発電所の事故の背景、原因、結果について、環境・エネルギー経済学の立場から論じている。「原発は安全」「原発は安い」とすすめられてきた日本の原子力政策の失敗であり、その意味するところを事故の展開に即して論じている。とくに、日本の公害問題との比較において福島原発事故を分析して、公害問題との連続性と特異性を摘出している。また、福島第一原発の責任者であった吉田所長の「吉田調書」の内容を詳しく分析し、事故が「東日本壊滅」のリスクを抱えていたことを当事者自身が認識していた点、そして実際に「東日本壊滅」に至らなかったのは、現地の必死の努力といくつかの幸運の結果であったことを考察している。つまり、原発は事故が起きた場合のリスクが大きすぎることが実際に明らかにされたのである。

第二章は、福島の事故を受けて、最終的に脱原発を決めたドイツと、脱原発を決めかねている日本の状況について、日独の比較検討を行っている。とくに、日本では、福島原発事故の現実を受けて、世論調査をすれば約半数は脱原発の声があるものの政策化されないのは、一つには脱原発の理論化が十分でなく、かつ安倍政権の経済成長戦略の柱に原発再稼働と原発輸出が位置づけられているためであることを指摘している。それに対して、ドイツの脱原発については、メルケル首相が設置した、安全なエネルギー供給に関する倫理委員会報告の内容と意義について、詳しく紹介した。

第三章は、原発に代わるエネルギー源として期待されている再生可能エネルギーについて、日本、ドイツ、デンマーク、スペインでの実際の調査に基づいて、その可能性と課題について再生可能エネルギー促進の制度のあり方に焦点を当て分析している。とくに、日本で、再生可能エネルギー固定価格買取制度が新たに導入されたが、その結果について、成果と問題点を海外との比較において詳しく分析している。

第四章は、地元である北海道の原発問題と再生可能エネルギーについて実際に即して分析・指摘を行った。とくに、フルＭＯＸ大間原発と高レベル放射性廃棄物問題、そして最後に北海道に限定されない現代のハイテク汚染の問題（携帯電話は環境に優しいのか？）を扱っている。

以上のように、本書は全体として、福島原発事故を経験した日本の今後について、持続可能性という視点から、脱原発と再生可能エネルギーという方向性に関して、主に日独比較を行いながら、理論的かつ実証的に検討したものである。WEBRONZAに発表した論稿は、その後、拙著『グリーン・エコノミー――脱原発と温暖化対策の経済学』（中央公論新書、二〇一一年）、『脱原発時代の北海道』（北海道新聞社、二〇一二年）に、一部修正のうえ収録されている部分もあるが、本書はすべて私がWEBRONZAに発表したものである。

大きな転換点に立つ日本の今後を考えるうえで、是非、参考にしていただきたいとの希望を込めて、副題を「同時代への発言」とした。英雄的指導者の登場に期待するのではなく、多くの公論が活発に起こされ、今後の方向性が決められていくことを、私は真に願っている。

二〇一四年一二月吉日

吉田文和

目次

はじめに

一　福島原発事故論……1

（一）日本の原発をどうするか（二〇一一年三月一七日）　2
（二）「想定外」であったのか――地震は、津波は、原発は（二〇一一年三月二四日）　6
（三）原発震災と水俣病の教訓――汚染マップと自主避難と海水希釈（二〇一一年四月五日）　10
（四）原発賠償スキームはどうあるべきか（二〇一一年五月一三日）　13
（五）問い直される日本の社会と科学・技術（二〇一一年五月二三日）　17
（六）原発のコストをどう考えるか（二〇一一年七月一二日）　21
（七）「東電経営・財務調査委員会報告」を検証する（二〇一一年一〇月一八日）　26
（八）原発「やらせ」問題の構造的背景と改革の方向性（二〇一一年一一月五日）　30
（九）最大の公害問題としての原発災害（二〇一一年一一月一六日）　34

（一〇）「冷温停止状態」「事故収束」宣言の現実（二〇一一年一二月一九日）　39
（一一）政府事故調査・検証委員会中間報告で残された疑問（二〇一一年一二月三〇日）　42
（一二）原子力利用は社会的倫理的判断が必要だ（二〇一二年二月一日）　46
（一三）原発の再稼働問題——原子力の安全ガバナンスからの分析（二〇一二年二月二一日）　49
（一四）ドイツの「福島から一年」（二〇一二年三月一五日）　54
（一五）組織替えだけで問題は解決しない——原子力規制庁をめぐって（二〇一二年三月三一日）　58
（一六）スイスが学んだ三九の福島の教訓（二〇一二年五月一六日）　62
（一七）国会事故調報告を無視して再稼働はありえない（二〇一二年七月一三日）　74
（一八）不思議の国ニッポン、日本的集団主義の病理（二〇一三年二月七日）　78
（一九）「吉田調書」の歴史的意義（二〇一四年六月一九日）　83
（二〇）「吉田調書」を読む（二〇一四年九月二六日）　87

二　脱原発論　97

（一）「脱原発」で地球温暖化対策は可能か？（二〇一一年四月一九日）　98
（二）ドイツの脱原発と温暖化対策——福島事故で脱原発に再転換（二〇一一年五月五日）　103
（三）ドイツ脱原発の「なぜ」と「どのように」（二〇一一年九月七日）　109

（四）京都議定書を潰すのではなく、改善提案を（二〇一一年一二月三日）　116
（五）米中そして日本、課題ばかりが残った（二〇一一年一二月一三日）　120
（六）脱原発の日独比較（二〇一二年五月二八日）　126
（七）脱原発の日独比較（続）（二〇一二年九月六日）　131
（八）京都議定書の一五年と今後の展望（二〇一二年一二月五日）　135
（九）脱原発の理論化を。総選挙結果で考える（二〇一二年一二月一九日）　139
（一〇）なぜドイツで脱原発がすすみ、日本ではすすまないのか？
脱原発の日独比較（二〇一三年一月九日）　144
（一一）ドイツ脱原発の進展状況（二〇一三年一月二二日）　149
（一二）「脱原発とエネルギー転換に関する日独比較」ベルリン会議報告
（二〇一三年四月一九日）　154
（一三）「脱原発とエネルギー転換に関する日独比較」ベルリン会議報告（続）
（二〇一三年四月二〇日）　159
（一四）大飯原発再稼働問題——福島事故の教訓は何か（二〇一二年六月一一日）　164
（一五）「論理と倫理」なき原発再稼働と原発輸出（二〇一三年七月八日）　167
（一六）原発と倫理　ドイツ安全なエネルギー供給に関する倫理委員会報告の意義
（二〇一三年七月二四日）　173
（一七）「ゼロ原発」を実現した日本の課題（二〇一三年一一月一二日）　178

（一八）憲法改正問題と環境権（二〇一四年五月一六日）182
（一九）経済成長至上主義への警告――宮本憲一『戦後日本公害史論』刊行に寄せて（二〇一四年七月三〇日）186

三　再生可能エネルギー論……191

（一）政権が代わっても維持できるグリーン産業戦略を（二〇一一年一月六日）192
（二）自然エネルギー利用に本腰が入らない理由――国内に市場の少ない風力発電（二〇一一年一月二四日）196
（三）岐路に立つ日本のエネルギー政策――いかに自然エネルギー利用を拡大するか（二〇一一年二月一六日）201
（四）少子高齢化のドイツがなぜ、元気なのか？（二〇一一年三月一二日）206
（五）自然エネルギーをいかに普及させるか（二〇一一年六月八日）210
（六）いまなぜ全量買い取りが必要か（二〇一一年六月二五日）215
（七）再生可能エネルギー買取法――利用拡大への第一歩（二〇一一年九月二日）219
（八）デンマークの再生可能エネルギー（二〇一一年九月二二日）222
（九）地域経済再生と再生可能エネルギー（二〇一二年一月一七日）229
（一〇）再生可能エネルギー買取価格をどう設定するか？（二〇一二年四月二四日）234
（一一）ドイツ風力発電産業の最先端（二〇一二年一〇月一八日）238

（一二）世界最大のバイオガス・プラント（二〇一二年一〇月二六日）　243
（一三）再生可能エネルギー固定価格買取制度の成果と課題（二〇一三年六月一〇日）　248
（一四）再生可能エネルギーと自然保護の課題（二〇一三年六月二八日）　252
（一五）ドイツに見る再生可能エネルギー制度改革（二〇一三年一一月二六日）　256
（一六）スペイン最新報告――再生可能エネルギー利用の経験から学ぶもの（二〇一三年三月二八日）　262
（一七）ドイツの挑戦――「脱原発とエネルギー大転換」の現状と課題（上）（下）（二〇一四年八月一三日・一四日）　269

四　北海道のエネルギー環境問題

四　北海道のエネルギー環境問題……281
（一）泊原発、無条件の営業運転開始を容認すべきではない（二〇一一年八月一九日）　282
（二）北海道から再稼働の条件を考える（二〇一二年四月一六日）　286
（三）北海道から原発ゼロで乗り切ろう（二〇一二年五月七日）　293
（四）泊原発見学記（二〇一二年六月一八日）　297
（五）再生可能エネルギーの現場（上）　風力編（二〇一二年六月三〇日）　301
（六）再生可能エネルギーの現場（下）　バイオガス編（二〇一二年七月二日）　306
（七）泊原発の再稼働なしでこの冬を乗り切ろう――泊原発再稼働問題について（二〇一二年一一月九日）　311

（八）「値上げ」も「再稼働」も？——北電値上げ問題（二〇一三年五月六日） 316
（九）【プルトニウムはいま】大間原発、なぜフルＭＯＸ炉を新設するのか？
（二〇一四年二月五日） 320
（一〇）高レベル放射性廃棄物を環境・廃棄物経済学から考える
（二〇一四年五月一日） 327
（一一）サムスン電子で起きたハイテク労災問題（二〇一四年五月二七日） 335
（一二）原発再稼働とセットの再値上げの問題（二〇一四年八月一一日） 339
あとがき 343

一　福島原発事故論

（一）日本の原発をどうするか（二〇一一年三月一七日）

日本の原子力発電は、「資源のない国」の有力な電源として、とくに石油危機後の日本のエネルギー利用の主要な柱となってきた。電力エネルギーとしての原子力の特徴は、原子炉のみならず、ウラン燃料の利用加工から、核燃料利用、使用済み核燃料の再処理、放射性廃棄物処理、などというシステム技術として存在している。さらに核燃料物質を安全に扱うための補助システムとして、非常用電源やＥＣＣＳ（非常用炉心冷却装置）などが必要である。

日本の原子力発電の特徴は、五四基の原子力発電所の多くが、都市から離れた海岸に多く立地するというパターンをとってきた。例えば東京電力の原子力発電所は、東北電力のエリアである福島第一、第二発電所、柏崎刈羽に海岸集中立地している。大都市における立地困難を避けるために、電源三法による電力価格上乗せ分で、立地補助金が原発立地地点に支払われてきたが、立地地域もその補助金づけによる財政規模拡大で赤字に見舞われている。

原発立地の前提は、「原発は安全」「原発は安い」という神話であった。地震国である日本に、なぜ原発なのかという問いに対しても、想定される地震と津波に耐えられる設計であるというものであった。しかし、実際には海岸における立地が地震と津波による壊滅的被害を集中的に受けることになった。今回の地震と津波について「想定外」の規模という弁明が繰り返されているが、例えば一八九六(明治二九)年の「明治三陸沖地震」では、高さ三八m以上の津波が起きている。柏崎刈羽原発も新潟県中越沖地震(二〇〇七年)の被害を受け、一部停止中であったが、原発の地震対策を抜本的に見直すことを先送りして、原発を再起動し、稼働率を上げることを急いだ結果が今回の事態である。

閣議決定された「エネルギー基本計画」(二〇一〇年六月)、環境省「ロードマップ」(二〇一〇年三月)ともに、原子力発電所の増設(二〇二〇年九基、二〇三〇年一四基)と稼働率の向上(二〇二〇年約八五%、二〇三〇年九〇%)を目標に掲げてきた。たしかに世界でも「原子力ルネサンス」といわれ、アジアを中心に原子力発電所の増設計画が相次いでおり、原発商戦も盛んである。しかし、足元の日本を見れば、原子力発電所の稼働率は約六〇%(二〇〇八年)から六五%(二〇〇九年)であった。二〇〇三年以降、設備の高齢化と安全文化の軽視を背景に、電力会社によるデータ改ざん、地震などの事件、事故による運転中止が相次ぎ、原子力発電所全体の稼働率が低下したのである。それにもかかわらず、例えば東京電力は、二〇二〇年の非化石電源エネルギーの比率を五〇%とする計画を立て、青森県に東通原子力発電所一号機(一三八万kW、国内最大規模、国内最長五〇〇kmの送電)などを建設し、かつ海外の原子力発電所発電事業などへの投資を拡大するとしてきたが、今回の事態で抜本的な見直しは必至である。

今回のような地震・津波による被害のみならず、原子力発電に伴う廃炉、放射性廃棄物、高レべル廃棄物処分の立地問題は未解決で、日本は使用済み核燃料の再処理方針を決めたものの、再処理施設は稼働せず、また高速増殖炉運転の目途は立っていない。事実上、再処理路線は破綻の危機に瀕している。また短期的には安いコストに見える原子力発電は、すでに研究開発に国の莫大な投資と立地に関する交付金が支払われており、「持続可能性」の観点から再検討が必要である。

その点で、一九八六年のチェルノブイリ原発事故を受けて、EU、とくにデンマークやドイツでは、脱原発の動きが強まり、石油石炭などの化石燃料への依存を減らし、エネルギー自給率向上を目指し、再生可能エネルギーの風力、太陽光、バイオマスの利用を拡大するFIT（固定価格買取制度）などの政策枠組をつくり、この分野で集中的に投資を行い、世界をリードする戦略を立て、新たに再生可能エネルギー産業を創出する成果を生み出しつつある。まさに「制約なくして革新なし」を実証してきた。

これに対して、日本の電力会社にインタービューしても、「原子力は安い」「原子力は安全」「温暖化対策の切り札」といい、風力や太陽光などの再生可能エネルギーは「質が悪いエネルギー」「頼りにならない」という発言を繰り返してきた。条件の悪さを克服してこそのハイテクではないのか、スマートグリッドもそのために構築されるのではないか、と問うても、電力会社の電力供給責任を強調し、日本には不要というばかりであった。

しかし、今回の事態は、これまでの日本のエネルギー政策と電力会社の「結果責任」を厳しく問うていることは間違いない。日本のエネルギー政策を再構築するにあたり、大切なことは、透明性と受容性であり、資源エネルギー庁長官が東京電力に天下りするような日本の経済産業省・資源エネルギー庁・電力会社の一体となったエネルギーと地域支配構造の抜本的改革が求められている。

【参考文献】

吉岡斉『新版　原子力の社会史――その日本的展開』朝日選書、二〇一一年

（二）「想定外」であったのか——地震は、津波は、原発は（二〇一一年三月二四日）

今回の地震と津波は福島第一原子力発電所の「原発震災」を伴い、大きな被害をもたらした。はたして、今回の地震と津波と事故は「想定外」であったのか。

まず、地震そのものについては、宮城県沖地震は過去に何度も起こっており、東北地方太平洋岸の多くの住民自身が地震発生の可能性を認識していたが、問題は地震の範囲と規模であった。これについて、アメリカ・カリフォルニア工科大学の金森博雄名誉教授（地震学者）と宮沢理稔東京大学地震研究所准教授らが、東北地方の太平洋側沖合で南北に位置する震源域が連動して巨大な地震を引き起こす可能性をすでに二〇〇六年に指摘していた（金森博雄、宮沢理稔、Jim Mori「古い地震波形記録を用いた一連の宮城県沖の地震の比較」『地震予知連絡会会報』第七五巻、二〇〇六年、五九〇—五九二頁、詳しくは、英文誌 *Earth, Planets and Space* 58, 2006, 1533-1541）。

金森教授らは宮城県沖で二〇〇五年に起こったマグニチュード七・二の地震のデータを詳しく分析し、地震時に解放されるエネルギーは将来発生が予想される宮城県沖地震のエネルギーの四分の一にとどまっていたと推定した。これに対して、宮城県沖の震源域の南側にある福島県沖の震源域では大きな地震がほとんど起きておらず、エネルギーがたまっていると分析し、エネルギーが多く蓄積する宮城県沖の震源域と福島県沖の震源域が連動して巨大地震につながると結論づけていた。これに対して、国の地震調査委員会は、宮城県沖の震源域とその東側の二つの震源域が連動する可能性を指摘していたが、南北の震源域が連動することは想定していなかった(『日本経済新聞』二〇一一年三月一九日付二三面記事)。

このように、国の地震調査委員会の評価体制の限界が明らかになりつつあるなかで、地震予知の困難性を前提にして、予知よりも地震の発生を前提にした地震対策の徹底を図るべきであった。

つぎに津波については、明治以降に限っても、東北地方の太平洋側は何度も津波被害にあい、明治二九(一八九六)年の明治三陸沖地震では高さ三八mの津波を観測し、犠牲者数は約二万三千人にのぼった。東北地方太平洋岸に立地するのであれば、地震と津波に対する対策が十分に考慮されるべきであった。じっさい、今回の震源により近い東北電力女川原子力発電所(一号機、二号機、三号機)は、女川町自体の平地が壊滅し、町役場もなくなったのに対して、「津波対策として海抜約一五mの場所(過去に経験した最大級の津波のおおよそ倍の高さ)に設置するとともに、地震対策として建築基準法の三倍の地震力に耐えるように設計」(東北電力HP)したため、津波の被害を受けたものの、電源を確保できた。地元の東北電力が地震と津波に配慮した原子力発電所の立地と対策を行った結果である(松本康男「女川原子力発電所における津波に対する安全評価と防災対策」(「地震・津波に対する原子力防災と一般防災に関するIAEA/JNES/NIEDセミナー」二〇〇七年一二月四日での報告))。

一方、東京電力福島第一原発は、もともと高さ三〇mあった台地を削り、海面から一〇mに立地した。ここに興味深い映画がある。日映科学映画製作所の二つのフィルムである。福島第一原発一号機（一九六七年着工、一九七一年運転開始）の立地調査を詳しく記録した「黎明――福島原子力発電所建設記録調査編」（二六分、一九六七年製作）と、発電所の建設過程と内部構造を説明した「福島の原子力」（二七分、一九七七年製作、一九八五年改訂）である。これを見ると、高さ三〇mの台地が削られ、海面に近いところに原発サイトが建設された様子がよくわかる。

福島第一原発が陥った事態についても、その可能性を示唆するデータがある。アメリカ原子力規制委員会の「シビア・アクシデントのリスク」（NUREG-1150）という一九九〇年に出された報告書は、アメリカに実在する五つの原発についてのシビア・アクシデント（過酷事故）の発生確率を分析している。この報告の中で、地震発生→制御棒挿入→地震により送電線の碍子が壊れて外部からの電源喪失→非常用ディーゼル発電機の立ち上げに失敗→温度上昇による炉心損傷というケースが起こる割合が高いという結論が示されている。今回の展開と非常によく似ている。非常用電源の確保は、地震があった場合の最優先課題だった（日本科学者会議「福島原発問題について（科学者の眼）」日本科学者会議HPを参照）。

今回のマグニチュード九クラスの地震は二〇世紀に世界ですでに四回起こっている。また、津波は今回よりも高いものが明治三陸沖地震で観測されている。地震と津波の常襲地帯の東北地方においては、およそ原子力発電所の立地計画を立てる場合には、そのことを十分考慮に入れて立地と設計をすべきであった。

　したがって、今回の「原発震災」をきっかけにして、まず日本の原子力関連施設の安全総点検と緊急対策を、施設の経歴と立地条件を踏まえて早急に行うことが、日本国民と世界の人々に対する責務であろう。

【参考文献】
金森博雄『巨大地震の科学と防災』朝日選書、二〇一三年

（三）　原発震災と水俣病の教訓
――汚染マップと自主避難と海水希釈（二〇一一年四月五日）

東日本大震災で被災した福島第一原子力発電所による放射能汚染に関連した最近の事態について、これまで日本の公害・環境問題を研究してきたものとして、看過できない問題が三つある。

第一に、水俣病の大きな教訓は、被害実態の把握の重要性である。今回の福島第一原子力発電所の原発震災問題では、放射能汚染のマップづくりが緊急に必要である。ＩＡＥＡ（国際原子力機関）は、日本側の遅れを指摘し、避難指示地域は狭すぎるといって警告している。すでに北西約四〇㎞範囲の飯舘村でＩＡＥＡの避難基準の二倍を超える放射能汚染が検出されている。放射性物質の飛散は風や雨、地形にも影響され、一様ではない。「今の日本に求められているのは広域かつ詳細な放射性物質の汚染マップを作成することだ」（ＩＡＥＡ調整官）という認識を正面から受け止めるべきである。

これに関連して、第二には福島第一原子力発電所から半径二〇―三〇㎞の屋内退避圏の住民に政府が出した「自主避難」要請問題である。よく知られるように、水俣病問題では、水俣湾、不知火海から採れる魚について、漁獲禁止の措置が検討されたが、補償責任問題が発生するので、漁獲

「自粛」措置となり、結果としてこれが水俣病の被害を広げることになった。

今回の「自主避難」要請は、責任の所在を曖昧にし、半径二〇km以上の範囲への補償問題を回避しようという意図が見て取れる。さらに国も原発被害を賠償することを早々と表明し、被害者よりも加害者救済を優先させる方針は、水俣病問題との類似性を看取される。

第三に、福島第一原子力発電所からの排水が基準の千倍を超し、周辺海域で放射能汚染が深刻化している問題で、「海では希釈、拡散される」という見解を原子力安全委員会が出していることである。この問題は、原子力安全委員会の役割に関わるので基本的でかつ重大である。まず、原子力安全委員会は、国の安全規制の基本方針を決め、首相を通じて関係省庁を指導する権限をもつが、その機能を十分果たしていない。二〇一一年三月二三日になって、ようやく放射能の飛散状況の推測結果を公表した。

とくに問題なのは、斑目委員長が三月二六日、「放射性物質は海では希釈、拡散される」として、海水の放射能汚染を軽視する発言を行っていることである。水俣病の教訓は、有機水銀が海水によって希釈されても、逆にプランクトンと魚の食物連鎖によって何段階も濃縮されるということであった。これは、今日では環境問題のテキストに出ている基本的な知見である。放射能の場合も、半減期が三〇年のセシウムの蓄積が懸念されるのである。じっさい、福島第一原子力発電所から一六kmの海水から高濃度の放射性物質を含む水が検出されている。

さらに現在の原子力安全委員会の問題は、責任者である斑目委員長自身が、今回の福島第一原子力発電所の深刻なトラブルの原因となった、非常用を含めた電源喪失の事態について、それを容認した責任の一端があるということである。

斑目委員長は、前職の東大教授時代の二〇〇七年に、中部電力の浜岡原発をめぐる訴訟で、中電側の証人として出廷し、原発内の非常用電源がすべてダウンすることを想定しないかと問われ、「割り切りだ」と話していた。この点を二〇一一年三月二二日の参議院予算委員会で問われ、斑目委員長は「割り切り方が正しくなかった」「反省している」などと答弁している。

今回の事故を契機に、日本のエネルギー政策、行政そして原子力政策、安全規制の見直しが必至となっており、独立した権限と機能をもつ、原子力安全規制委員会が日本に是非、必要である。原子力推進の経済産業省のもとに、原子力安全・保安院が置かれ、実質的な規制を行い、アクセルとブレーキを同じ省庁がもつという事態は、安全規制に関しては異常であり、今回もこの問題が露呈した。アメリカのように、独立した原子力規制委員会をつくるか、ドイツのように環境省に移すかなどを早急に検討すべき時である。

以上指摘してきたように、今回の福島第一原子力発電所にかかる災害に対処するうえで、水俣病に関する教訓を生かすことが必要である。歴史は繰り返すといわれるが、今日の事態は影響する範囲と被害ははるかに深刻である。

【参考文献】

大島堅一・除本理史『原発事故の被害と補償――フクシマと「人間の復興」』大月書店、二〇一二年

（四）原発賠償スキームはどうあるべきか（二〇一一年五月一三日）

東日本大震災による東京電力福島第一原子力発電所の原発震災のため、東京電力には巨額の賠償支払い義務が発生し、このままでは資産総額よりも負債総額の方が大きくなる債務超過に陥る可能性が非常に高い。賠償に関する東京電力と国の負担割合をめぐる争いが焦点となっているように見えるが、一番重要な問題は債務超過に陥った場合、東京電力を会社として存続させるか、あるいは破産処理するかである。

私は、WEBRONZA二〇一一年四月五日「原発震災と水俣病の教訓――汚染マップと自主避難と海水希釈」(本章(三)、一四頁参照)の記事で、「国も原発被害を賠償することを早々と表明し、被害者よりも加害者救済を優先させる方針は、水俣病問題との類似性を看取される」と述べたが、その後一カ月がたち、いままさにこの問題が福島第一原子力発電所の原発震災に関連し、政治的争点となってきた。

新聞報道によれば、今回の政府案は、賠償主体が東京電力で、足りない資金は国や電力事業者らが肩代わりし、東京電力の毎年の事業収益から返済させるというものである。すなわち会社を存続させるが、電力各社と政府が支援を行う新設の「機構」を使うという方針である。しかし政府管理で賠償を行う場合でも、国の負担割合にかかわらず、賠償支払いのための公的資金注入、電力料金の引き上げなど、多額の国民負担が発生する。しかも、現在の日本固有の発送電一体の電力地域独占体制はそのまま維持されるので、金融機関と電力会社側が望むところとなる。

これに対して、東京電力を破産処理する場合には債権・社債はすべて毀損するが、電力事業そのものは存続させる。ＪＡＬの場合の手続きと同じである。発電・送電・配電・原子力部門への解体分離も俎上に載る。送電部門は国に売って賠償の原資にし、原子力は国家管理にするなどの提案も出ている（「郷原氏の語る東電の将来「送電施設を国に売って賠償原資に」」Asahi Judiciary：二〇一一年四月三〇日）。

自民党の河野太郎のブログ（「東電で倒閣」二〇一一年五月四日付）によれば、「経産省と東京電力、それに電気事業連合会は、毎日、議員会館を歩いている。議員一人一人に面談して、なにやらいろいろと訴えている。「東電を分割したら電気の供給が滞ります」「東電に賠償を押しつけたら金融危機が起こります」」とある。東京電力の分割阻止と国の負担強化が、経済産業省、東京電力、電気事業連合会の最大の戦略目標となり、電力総連出身の旧民社党系議員を抱える民主党政権も、それを追認する方向が見えてきた。

「東電を分割したら電気の供給が滞る」というのは、発送電一体の独占体制の擁護論であり、金融危機も星・カシャップ・シェーデ論文が指摘しているように、規制当局次第で対応できる。「ＪＡＬも東電同様、重要な大会社であるが、現在会社更生法の下で再建中である。ＪＡＬにも東電にも金融機関のような特別な破綻処理スキームは必要としないのである」。損害賠償についても、「会社更生法は、債務調整の手続を決めているだけであり、厳格な配分ルールではない。先取特権を持つ債権でも、更生計画では公平性の観点から他の一般更正債権とまとめて一つのクラスにされる場合もしばしばである。重要なのは、公平な更生計画が裁判所の監督の下で慎重に作成されることである。この意味で、会社更生法は融通の利かないルールではなく、公平性を確保するためのプロセスなのである」(星岳雄、アニル・カシャップ、ウリケ・シェーデ「東電処理は会社更生法で」『週刊ダイヤモンド』特別レポート【第一二一回】、二〇一一年四月二三日)。

同じく河野太郎のブログ「幻のエネ庁案」(二〇一一年五月五日付)によれば、資源エネルギー庁の若手官僚から送られてきた「上に」握りつぶされた幻の案(『今回の震災で明らかになった現行エネルギー政策の課題 経済産業省 平成二三年四月二四日』)は、「課題のプライオリティ」として、以下の九つがあるという。

①福島原発の事故の収束
②夏場を含めた電力安定供給(突然死的大停電の回避)
③東電財務不安に起因する金融危機の回避
④福島原発被災者への補償の早急な実施
⑤国民負担の最小化
⑥関係者の公平な負担の実現と国民の納得感獲得(円滑な処理に不可欠)

⑦誘発地震対策、保安院分離を含めた原発規制の抜本的見直し
⑧発送電分離を含めた電力事業規制の抜本見直し
⑨東電の分離を含めた再生処理の決定・実施

まことに、以上の九項目は、現下日本のエネルギー問題の課題を明快に整理しており、多くの人々が納得するものである。しかし、先のような政府の「機構」案は、これらの重要九項目すべてにわたる問題に対して、基本的方向を決めてしまうほど重要な方針である。

今回の政府案は、九項目中の②電力安定供給と③金融危機の回避を名目上の目的にして、④補償の早急実施、⑤国民負担の最小化を図るとし、⑧電力事業規制の抜本見直しと⑨東電分割を回避するという狙いが明白である。したがって⑥公平な負担と国民の納得感獲得が極めて困難となる。にもかかわらず、国会や内閣での十分な議論、国民的議論を経ないで、東京電力の決算上の理由などで早急に決めようとされている。大切なことは、全体のプロセスの目的をどこに置くかである。できるだけ国家財政負担と国民負担を少なくして、補償を遂行させること、そして原発への依存を減らし、日本の電力エネルギー供給体制の再編成を見据え、発送電分離を視野に入れた検討が必要である。

【参考文献】

山下祐介・開沼博『「原発避難」論――避難の実像からセカンドタウン、故郷再生まで』明石書店、二〇一二年
金子勝『原発は不良債権である』岩波ブックレット、二〇一二年

（五） 問い直される日本の社会と科学・技術（二〇一一年五月二三日）

東日本大震災から二カ月以上たったが、日本の社会と科学・技術のあり方に大きな問題を提起している。当初、専門家から指摘されていたレベル七、メルトダウンという事態を、東京電力と政府が認めるにも一カ月から二カ月もかかった。

「想定外」という言葉も繰り返された。「想定外」とは、「想定」が誤っていたことを素直に認めないことの、別の表現である。地震学から気象学、土木工学に原子力工学、そして東京電力に至るまで、繰り返し表明された。福島第一原子力発電所の「全電源喪失」による事故は、「想定外」の津波による被害が原因とされている。しかし、土木学会による高さ五・七mという津波の想定自体は電力関係者が主になって作成され、「第三者性」を強く疑わせるものであった。「想定外」が、自分たちの責任を軽減するための「合言葉」となっている。

「ヒロシマ」から「フクシマ」へという評論も公表された。例えば『ニューヨーク・タイムズ』二〇一一年三月一六日付ジョナサン・シェル「From Hiroshima to Fukushima」は、「問題は、非常用発電機や安全基準などではなく、人間はその本質として誤りを犯しやすい存在だということである」として、原発事故を核利用の現代史に位置づけて評論するという試みである。

これに対して、私はヒロシマとフクシマを、日本社会の問題として考えてみる必要があると思う。かつて日本は、ヒロシマとナガサキへの原爆投下によって、ようやく「終戦」という敗戦を認めた。大東亜共栄圏という理念を掲げて彼我の国力の差を顧みず開戦し、戦況悪化と大都市空襲被害という現実・実態を無視し、理念と現実の乖離に目をつむり、行きつくところまで行った結果であった。

今回の福島第一原発の事故の遠因は、「原発は安全」「原発は安い」という理念・神話に基づくものであった。他国と違い、地震の多い日本になぜ原発を立地させるのか、しかも海岸沿いに集中する立地で安全なのかという問いが発せられても、「多重防護」で安全という理念が繰り返されるだけであった。

相次ぐ事故や事故隠し、データ改ざんがあっても、そこから教訓を引き出し、一般化して、対応するということが行われないままに、原発の新増設がすすめられてきた。高速増殖炉と再処理工場ができないという現実があるのにもかかわらず、「資源のない日本」を錦の御旗に、「核燃料サイクル」の理念の再検討をせずにそのまますすみ、使用済み核燃料の行き場のない状態が迫っている。

もう一つの大きな問題は、日本の社会に「リスク管理」「リクス訓練」「兵站(ロジスティクス)」の考え方が十分根づいていないことである。まさに、「万が一」に備えたリスク管理と訓練を日常的に行うことが、「安全」「安い」という理念に反するかのように考えられ、真剣に検討されることのないままに、「全電源喪失」「炉心溶融」などの最悪の事態は「想定外」とされ、希望的予測に置き換えられた。

しかし、一度事故や災害にあうと、重要になる物資の兵站、要員の交替と休養を十分にとらず、さらに疲弊して、被害を拡大させるという悪循環に陥る。旧日本軍がもっていた体質は改まっていない。

原子力発電所の事故をめぐる問題でも、実態把握が遅れ、原子炉がどうなっているのか詳細は不明のままに「工程表」がつくられ、「全電源喪失」という発電所が電気を取れない、停電するという事態に対して、原子炉の専門家は原子炉内の反応を問題にし、電源・電気の問題は電力工学の問題であるといわんばかりの、縦割りの科学やエンジニアリングの問題が今回も露呈した。

全体をコントロールしているはずの電力会社も、プラントのことはプラントメーカーしかよくわからないというような状態である。たしかに原子力発電所の最初の「フル・ターンキー方式」(プラントメーカーが建設して引き渡す)が福島第一原子力発電所だったのである。しかも、米ゼネラル・エレクトリック社(GE)の設計がその通りにできているかも、確かめようがなかったのである。ここにきて、日本の科学・技術の底の浅さが露呈するのである。原子力発電所の元現場監督であった平井憲夫氏がこう証言している。

「例えば、東京電力の福島原発では、針金を原子炉の中に落としたまま運転していて、一歩間違えば、世界中を巻き込むような大事故になっていたところでした。本人は針金を落としたことは知っていたのに、それがどれだけの大事故につながるかの認識は全然なかったのです。そういう意味では老朽化した原発も危ないのですが、新しい原発も素人が造るという意味で危ないのは同じで

す」(『情況』第一一巻第一二号、二〇一一年、三一頁)。

今回の地震、津波、原発災害に際して、多くの悲惨な事態のなかで、人間の尊厳を見ることができたのは、日本社会の可能性を示している。しかし同時に、日本社会の問題性も白日のもとにさらした。「人間は悲惨の中に人間の尊厳を見ることができるが、それは繁栄の中に堕落を見る目と一対のものである。——素人が何を言うか、と言わんばかりだった原子力の専門家たちの傲岸。素人の危惧が一〇〇%正しかった」(「悲惨の中に見える本物」『日本経済新聞』二〇一一年四月一五日付「大機小機」)。全くその通りである。

技術は、人間社会の目的に対する手段である。手段に囚われて目的を見失ってはならない。目的に対して手段が適合しないならば、別の手段を選ぶのも人間社会である。私は、反科学・反技術の立場ではないし、日本社会のもつ強さと復元力を信じるものであるが、それにしても、今回の事態が、日本の社会と科学・技術のあり方に提起している問題を受け止め、考え直さなければ、日本の再出発はありえないと思う。

【参考文献】

開沼博『「フクシマ」論——原子力ムラはなぜ生まれたのか』青土社、二〇一一年

(六)　原発のコストをどう考えるか(二〇一一年七月一二日)

福島第一原子力発電所の事故以降、全国の原発四八基(五四基マイナス六基)すべてが停止する可能性が浮かび上がってきた。問題は、その場合の電力供給体制とコストである。

日本エネルギー経済研究所は、全国の原発四八基がすべて停止した場合、代替燃料である石油や天然ガス(LNG)などの調達額が二〇一二年度には約三兆五〇〇〇億円増えると試算している。標準的な家庭の電気料金は一八%上昇する。月額で約一〇〇〇円の負担増になるという(日本エネルギー経済研究所「原子力発電の再稼働の有無に関する二〇一二年度までの電力需給分析」二〇一一年六月二四日)。

また、日本経済研究センターは、二〇一一年夏以降、四二基以上の原発が停止した場合、火力代替で一兆五〇〇〇億円の輸入増加となるとしているが、原発は四〇年の寿命とし、原発新設がない場合、二〇二〇年には半減するとも指摘している(日本経済研究センター会報、二〇一一年六月)。

これらの推定計算は、原発が停止した場合の、火力発電による原発代替コストを単純に計算して、負担増加を示し、間接的に原発再稼働の必要性を強調している。しかし、もともとなぜ、このような事態にたち至ったかと問えば、地震多発地帯に多数の原発立地をすすめてきた結果であり、残りの原発の再稼働を急ぎ、同じような事態に陥れば、それこそ「日本壊滅」の危険を孕んでいるといわなければならない。

そこで、改めて問われるのは、原発の真のコストとは何かであり、三月一一日以降の日本の事態に即して考え直す必要がある。

原発のコストの範囲

「原発は安い」「原発は安全」「温暖化対策の切り札」が、これまでの原発推進の理由であった。「原発は安全」という神話が崩れ去ったいま、もう一つの「原発は安い」という理由も、今回の原発災害で予想される数十兆円に上る被害コストを考慮すれば、すでに成り立たない根拠である。しかし、そもそも事故コストを入れない場合でも、「原発は安く」ないことが、これまでの研究で明らかにされている。それは、室田武『原子力の経済学』(日本評論社、一九八一年)を先駆として、大島堅一『再生可能エネルギーの政治経済学』(東洋経済新報社、二〇一〇年)に集約されている。

大島によれば、原発に関わる費用は、(一)発電に直接に要する費用、(二)バックエンド費用(再処理、廃炉、放射性廃棄物)、(三)国家からの投入費用(開発費用、立地費用)、(四)事故に伴う被害と被害補償費用、の四種類がある。そこで、九電力の有価証券報告書に記載されたデータをもとに、一九七〇年から二〇〇七年の間の(一)から(三)までを計算すると、一kWh当たり原子力は一〇・六八円、火力九・九〇円、水力七・二六円、一般水力三・九八円、揚水五三・一四円、原子力＋揚水一二・二三円となり、原子力は決して安くないことが明らかとなっている。しかも、(二)

バックエンド費用は、不十分にしか算入されていない。

原発の社会的コスト

今回発生した、福島第一原発の原発災害は、人類史上経験したことのない多重災害であり、貨幣評価可能部分と不可能部分がある。以下のように従来の公害被害との共通面と違いがあり、また将来コストの発生が予想され、不確実性も高いという特質がある。経済学的には原発災害による社会的費用(「原発の社会的費用」)の計測問題である。

・「見えない汚染」、「直接の死者がいない」
・健康被害(放射能汚染、住民と作業者、社会的ストレス)
・事業所、農業、漁業の休止による所得損失
・放射能汚染による土壌汚染、作付停止、海洋汚染被害
・避難に伴う支出、機会損失
・風評被害(農作物、海産物、土地資産、観光)
・税収低下(発電所の停止、事業所の閉鎖、個人の避難)
・教育機関への入学者減少、教育機会の損失

(清水修二『原発になお地域の未来を託せるか』自治体研究社、二〇一一年参照)

以上のような多岐にわたる原発震災被害の特徴を実証的・理論的に明らかにする作業を通じて、

被害者救済に寄与する制度・政策の提言を行うと同時に、原発の社会的費用研究を深化させる必要がある。

吉岡斉によれば、仮に経済的損失を五〇兆円とすれば、いままで四〇年あまりにわたる原子力発電量は約七兆五〇〇〇億kWhなので、kWh当たり約六・七円のコスト増となり、通産省の発電原価試算（kWh当たり五・九円、一九九九年発表）の約二倍以上になる（「福島原発震災の政策的意味」『現代思想』二〇一一年五月号、八六頁）。

こうして、事故コストを入れなくとも高い原子力発電が、事故コストを算入すれば、最も高コストであることは、一層明らかである。このように原発をベースロードとする日本の電力政策は、経済的にも成り立たないにもかかわらず、原発を再稼働しようとするのは、つくってしまった原発を運転できれば、その限りでは、火力に代替するよりも燃料代が安い分だけ電力会社の(一)発電原価が安くつくためであるが、(二)バックエンド費用、(三)国家からの投入費用、(四)被害のコストが算入されていないことが問題である。地震活動が活発化している日本列島で、原発の再稼働を急いで再び原発震災を起こすようなことがあれば、膨大な(四)被害コストによって、日本自身が再起不能状態になり破綻することは確実である。

【参考文献】

大島堅一『原発のコスト――エネルギー転換への視点』岩波新書、二〇一一年
大島堅一・除本理史「福島原発事故のコストと国民・電力消費者への負担転嫁の拡大」大阪市立大学『経営研究』

(6) 原発のコストをどう考えるか

（七）「東電経営・財務調査委員会報告」を検証する（二〇一一年一〇月一八日）

二〇一一年秋から冬にかけての最大の問題は、原発の再稼働問題である。福島の事故を受けて、事故調査委員会の報告書がまだ公表されない段階で、ストレステストだけで原発の再稼働を認める地元自治体は少ない。全国に散らばる原発が、東日本大震災なみの地震と津波に耐えうるか、当然の疑問がもたれるのである。

原子力安全委員会委員長が認めるように、全電源喪失やメルトダウンを想定してこなかった、これまでの日本の原子力安全規制の抜本的な見直しが必要なのである。地震の多発地帯の日本になぜ、これだけ多くの原発が立地しているのかという問題も、それへの対応策は不十分のままである。再稼働を急いで、また事故が起きれば、日本は再起不能の事態になりかねない。このようななかで、東京電力に関する経営・財務調査委員会の報告書が二〇一一年一〇月三日に公表され、原発の再稼働と電気代値上げを強く示唆する内容が示されたことは、大変重要な問題であり、環境経済学を専攻するものとしても看過できない内容を含むものである。

東電にリストラを迫る厳しい内容であると一般に報道されているのとは裏腹に、この報告書の内容をよく検討すれば、大変多くの問題点を含むものである。とくに、原発事故の賠償は国が肩代わりし、金融機関の貸し手責任を不問にし、東電が資産超過であるという仮想をつくりだし、柏崎刈羽原発の再稼働と料金値上げを強く迫り、東電の法的整理を避け、経営合理化によるリストラが最大の狙いとなっている。

この報告書が以上のような問題点をもっているのは、本委員会が第三者委員会とはいいながら、もともと八月に成立した「原子力損害賠償支援機構法」のもとで、支援機構が原子力事業者(東電)に資金援助を行う際に、東電の厳正な資産評価と経費の見直しを求めるためにできたもので、この委員会のメンバーと報告書がそのまま支援機構に引き継がれる。したがって、本報告書の問題点は、支援機構法そのものの問題点であるといえる。

そのことは、報告書による東電資産評価に際しての留意事項が示しており、一番重要である。以下に長くなるが引用する(報告書八五頁)。

① 支援機構設立後、東電が実施する損害賠償債務の支払に充てるための資金は、支援機構法第四一条第一項第一号の支援機構が東電に対して資金交付により援助を行うことで、同額の収益認識が行われるとの前提を置いた上で、調整後連結純資産には、既に発生した原子力損害賠償費(第1四半期三九七七億円)の他今後計上すべき原子力損害賠償引当金についても反映をさせない前提で作成している。

② 支援機構法第五二条第一項に基づく特別負担金額は、東電の今後の収支の状況に照らし、電気の安定供給等に係る事業の円滑な運営の確保に支障が生じない限度において、主務省令で定

める基準に基づき定められることとされているため、会計上は、将来にわたって東電が負担する費用と位置づけられることから、上記実態純資産の把握にあたっては考慮していない。

③　平成二四年三月期において多額の欠損金が発生する見込であり、また、特別負担金の支払金額及び期間がどの程度になるかは不確定な状況にあることから、今後の課税所得の発生状況が把握できないことにより税効果の調整は反映させていない。

①は、支援機構法によって東電は国から損害賠償について、資金交付援助を受けるので、同額の収益があったと認識し、損害賠償費は、引当金には反映させないということである。この交付資金について、東電は特別負担金を払って返済することになっている。しかし、②によれば、主務省令で決めるから、特別負担金については、金額も期間も不明で、試算では取り入れないということになる。普通なら、返済額と返済計画も明確でないのに資金を貸す銀行はありえない。

環境経済学から看過できないのは、損害賠償額の見通しに関して、放射能被ばくによる損害は、被ばくの該当者が存在しないことから、被害額をゼロと試算（同、九七頁）などとしている点である。

とくに、三つの原発稼働シナリオを作成し、原発非稼働ケースにおいては、約四兆円から八兆円の資金調達が必要で、著しい料金値上げを実施しない限り、事業計画の策定を行うことは極めて困難な状況である（同、一〇五頁）としているのは、最大の問題点である。原発再稼働か、料金値上げかという二者選択を迫るなら、「国民負担増加の最小化」はたんなるお題目となる。そもそも前提条件からの再検討が必要である。東電の法的整理、金融機関の責任、送電事業の売却益による賠償金、電力自由化など、別の選択肢が当然、検討されるべきである。東電を債務超過にさせないために、原発の再稼働と料金値上げが必要であるというのであれば、これこそ本末転倒も甚だしいといわざるをえない。

【参考文献】

除本理史『原発賠償を問う――曖昧な責任、翻弄される避難者』岩波ブックレット、二〇一三年

（八）原発「やらせ」問題の構造的背景と改革の方向性（二〇一一年一一月五日）

プルサーマル問題をめぐる「やらせ」問題が、九州電力と北海道電力という二つの地方電力会社をめぐって発生した。プルサーマルに限らず、全国の原発に関する公聴会、意見を聴く会などで、恒常的に「賛成意見」が組織され、原発・プルサーマル推進に、お墨付きを与える役割を果たしてきたことは、これまで周知の事実であり、今回、その一端が明らかになったのである。

プルサーマル推進は、これまでの国のエネルギー政策の一環であり、再処理路線が事実上破綻しているにもかかわらず、むしろそれを糊塗するものとしてすすめられてきた。しかし、東京電力と関西電力において、一連の不祥事や事故があり、プルサーマルを実施できない状況にあるなかで、九州電力と北海道電力がプルサーマルを実施するという流れになった。

プルサーマルを実施する主体である電力会社が佐賀県や北海道に対してその許可・了承を求めるプロセスにおいて、県や道が判断を行うための意見聴取で推進主体の電力会社が「賛成」意見を組織したのである。問題はそこにとどまらず、国と県・道が、それに関与し、一体となってすすめられたところに事態の深刻さが示されている。

国のプルサーマル推進政策があり、プルサーマル実施、受け入れの場合の補助金制度を誘因として、地方自治体に受け入れを迫った。九州と北海道は、もともと旧産炭地であり、石炭火力発電所への依存度が高かったところであり、石油火力発電所への転換が遅れた地域である。そこで、九州電力と北海道電力は原子力発電の導入を急ぎ、いまや両地域の電力の原子力発電への依存度は全国約三〇％に対して、四〇％近くになっている。

日本は、九州、沖縄、北海道など縁辺地方ほど、中央の政策に忠実で、補助金への依存度が高いという現実がある。そこで、結果として、プルサーマルについても導入するということになったのである。「シナリオ」通りに、プルサーマルをすすめるために、国・県・道・電力会社が一体となって「お墨付き」を与える舞台装置がつくられた。

しかし、一連の「やらせ」問題の発覚で、原発関連の決定プロセス、手続きの公平性、公正さ、情報の透明性に関して、県民・道民に大きな疑惑を抱かせることになったのである。福島の事故によって原発の安全神話が崩壊し、原発関連の環境は激変している。これに対して、九州電力第三者委員会が指摘しているように、電力会社は、これまでの不透明性を払拭して、環境激変への対応能力を高め、県民・道民との直接対話をすすめ、行政との癒着を断ち切ることが切に求められている。

九州と北海道は、風力と地熱など再生可能エネルギーのポテンシャルが、日本のなかで高い地域であり(環境省の調査による)、原発への依存度を減らしていける可能性は十分ある。

そこで、原発に関しては、福島の事故を受けて、その安全性・コスト・情報公開について、議会を含む第三者機関による監査と調査が、是非必要である。さらに、再生可能エネルギー、省エネなどまで視野を広げて、エネルギーと環境に関する、電力会社、行政、地方自治体、NGO研究者が入ったパネル、会議を立ち上げて、情報公開と合意づくりをすすめることが是非必要である。

今回の直接の発端になったのは九州電力の玄海原発の再稼働問題であったが、福島の事故に関する事故調査委員会の正式な報告書が公表される前に、原発を再稼働することは止めるべきであり、現に新潟県知事、福井県知事も同様の立場を表明しているのは当然である。

そこで、エネルギー政策として、課題を短期・中期・長期にわけて、広く公開して検討することが大切である。以下に概要を示す。

短期的課題（二〇二〇年ころまで）

プルサーマルは中止し、福島原発事故の正式な事故調査報告が出ていない段階で、定期検査中の原子炉は稼働させるべきではなく、再稼働なしへの対応策を早急に検討する。稼働している炉の安全対策の前倒し、強化を図り、仮に稼働を続けるならば、東日本大震災級の地震・津波に耐えられる対策をとることが緊要である。

中期的課題（二〇三〇年ころまで）

脱原発依存をすすめるために、天然ガス火発、再生可能エネルギー受け入れ拡大、送電網強化、熱電併給を積極的に計画し、実施する。そのための再生可能エネルギー固定価格買取法はすでに成立しており、地域における具体化をすすめる。さらに電源三法の積立金、再処理積立金などを活用して、送電網強化を図ることが重要である。

長期的課題（二〇五〇年ころまで）

原発の新増設がなければ、二〇五〇年には「原発ゼロ」になる現実を踏まえ、省エネルギーと再生可能エネルギーで脱原発を実現する戦略と計画を検討する。とくに北海道と九州には、風力、バイオマス、太陽光、地熱などの再生可能エネルギーのポテンシャルが十分にある。

【参考文献】

竹内敬二『電力の社会史――何が東京電力を生んだのか』朝日選書、二〇一三年

（九）最大の公害問題としての原発災害（二〇一一年一一月一六日）

日本では、これまで水俣病、イタイイタイ病、四日市大気汚染などの公害問題は、すでに克服された過去の問題といわれてきた。しかし今回の原発災害によって戦後最大の公害問題が発生した。それは過去の公害問題を繰り返し、その教訓を生かすことができず、かつはるかに大規模で複雑になっている。

これまで日本の公害問題、環境問題を環境経済学の立場から研究してきたものとして、今回の原発災害について、以下の諸点を指摘したい。

（一）被害の範囲と実態解明、そして被害の救済が公害・環境問題の基本である。しかし、今回の放射能被害は、その範囲と程度、実態解明が十分でなく、調査と対策が遅れている。むしろ、情報開示が遅れ、避難指示誘導が適切になされなかったことが明らかになっている。

（二）公害発生の原因として、「安全対策の節約」「立地上のミス」などが重なり、防ぎえた公害、そして今回の原発災害を発生させた。政府の事故調査委員会による解明が待たれるが、事故後の対応のみならず、事故前の対策の不備と問題点、そして規制と基準の不備と改善策が明らかにされる必要がある。これが全国に配置された原発の総点検に生かされるべきである。

(三)　被害者救済が遅れ、逆に加害者を守り、救済する制度が先行してつくられている。東京電力を救済する支援機構法成立にあたり、損害賠償を遂行させるために加害者を破産させないという説明が行われたが、水俣病のチッソ分社化の論理との類似性が見て取れる。膨大な被害者が存在するにもかかわらず、加害者の政治的・経済的支配力によって、「加害者と被害者」間に非対称性が存在し、加害者はチッソの見舞金契約のように、被害者の損害賠償請求につき、裁判提訴の権利放棄を迫るなどの行動をとった。

(四)　行政当局の問題として、住民の「自主避難」に対する補償を四八時間以内避難者に限るなど、損害補償額を減額する動きがあるのは、水俣病の際の魚介類摂食の「自主規制」と同じく、損害賠償の責任範囲を狭くする動きが背景にあると見られる。また、原子力安全委員会は当初、放射能汚染水の海面投棄を、海水希釈を理由に容認する態度をとった。水俣病の教訓は、海水希釈されても、食物連鎖によって何千倍にも汚染物質が濃縮されるという環境問題の基礎知識を提供したのであり、これが忘れ去られている。

(五)　汚染に起因する差別といわゆる風評被害の問題がある。水俣病の発生によって、水俣と名のつくものは売れず、水俣出身者がその素性を明かすことができなかったという。同様の差別問題が福島県、周辺地域で発生しかねないという由々しき事態である。もちろん、その責任は汚染者にある。

(六)　長期にわたる汚染が残り、除染のために膨大な費用が発生することが予想される。これも含めて、原発災害による社会的費用の発生の調査分析は、環境経済学の大きな課題であり、後に詳論する。

以上のように、日本の公害問題で発生した経過、問題が今回も発生し、繰り返されているのである。むしろ、日本社会の法則的な動きと現象であるといってもよい。私も、大学の環境経済学の講義で、三〇年前の水俣病のビデオを学生に見せて感想を求めたところ、多くの学生が、水俣病問題の経過と今回の原発災害の類似性を指摘していた。

しかし、今回の原発災害は、従来の公害環境問題をはるかに超える規模と放射能汚染という特性があり、ローカルではなく、はじめから全国規模の問題となった。汚染企業も日本のトップクラスの企業であり、その政治力と経済力は群を抜いている。また、原子力に関する国の関与と制度も、独自のものがある。しかも、今回の問題の深刻さは、地震国の日本が全国四八基の原発を抱え、ほかでも同じような事態に陥る危険性が実際にありうるというところにある。その意味で、日本のエネルギー政策の失敗の結果であり、環境問題であると同時にエネルギー危機の管理問題でもある。

原発が事故を起こせばとてつもない費用がかかる。私は長く環境経済学の立場から、環境問題が起きると環境被害と健康被害などの社会的費用がどのくらいかかるか調査してきた。今回の原発事故は、これまでの公害被害と共通する面と異なる面があり、さらに、将来にコストが発生し、放射能汚染が目に見えないという問題がある。

電源三法交付金が福島の地域にどう配られ、原発依存になっていったか、電源三法と原発立地自治体の関係を長年研究している福島大学副学長（二〇一一年当時）の清水修二氏は、原発近くに住んでいる住民の声を講演で紹介している。「原発には煙突はついているけれど煙が見えない。あれに色がついていたらいいな」と。つまり煙で風向きがわかるので、事故があれば風上に避難できたのにという。これは健康被害の問題で、周辺に住んでいる住民と原発で作業をしている人の放射能汚染被害の問題がある。

健康被害として社会的ストレスも大きい。福島大学のある福島市は原発から六〇㎞離れていて、小さな子供は遠方へ避難しているが、避難できない子供がいる。親と子供、夫婦が離ればなれに避難し、いままで訪れたこともない遠方へ移住した。とどまっている人の家では窓に目張りをし、テレビの速報や報道を四六時中気にしているなど、ノイローゼ状態になっている人が少なくなく、社会的なケアが十分ではない。

さらに、原発立地自治体や隣接自治体では役場や市役所機能そのものが他県に移転し、全住民が避難して誰も住んでいないという、これまで日本の地方自治の歴史でかつてなかったことが起きている。事業所、農業、漁業の休業による所得損失は、貨幣に換算できる。避難に伴う支出や機会損失、放射能による土壌汚染や作付けの停止、海洋汚染の被害もある程度推定できる。四大公害の一つのイタイイタイ病は重金属の汚染だが、加害者の鉱山会社は全部の営農補償をしている。医療補償よりはるかに高い額を、汚染で作付けができなくなったときに汚染源の会社が支払っている。巨額にのぼる土壌汚染の対策費用もある。風評被害として、農作物・海産物が売れない、土地資産の価値が下がる、観光客が激減するといった影響があり、発電所の停止、事業所の閉鎖、住民の避難などによって税収が少なくなる。また、教育機関への入学生が減少している。

歴史は繰り返すといわれるが、今回の原発災害は、従来の公害問題と比べてはるかに規模が大きく、深刻である。

【参考文献】

Miranda Schreurs・吉田文和編著／鈴木一人・除本理史・丹波史紀著：*FUKUSHIMA (A Political Economic Analysis of a Nuclear Disaster)*, Hokkaido University Press, 2013.

(一〇) 「冷温停止状態」「事故収束」宣言の現実(二〇一一年一二月一九日)

政府は福島第一原子力発電所の「冷温停止状態」「事故収束」を宣言したが、これは、政府と東電が事故収束の工程表の第二段階(ステップ2)として「冷温停止状態」の年内達成を目指しているなかでの発表であった。

冷温停止状態は、原子炉内の圧力容器底部が一〇〇度以下の温度に保たれ、外部に漏れる放射性物質が十分少なくなっているのが条件とされた。だが本来、「冷温停止」の意味は、定期検査などで原発の運転を止め、密閉された原子炉の中で冷却水が沸騰していない安全な状態のことなので、事故を起こした原子炉については、通常の意味での「冷温停止」の定義が当てはまらないはずである。

しかも、住民帰還の目途が立たないなかでの「事故収束」宣言である。これに対して、福島県の佐藤雄平知事が「事故は収束していない」との認識を示したのは当然である。佐藤知事は、原発で処理水の漏れや汚染水が増え続けていることを県民が不安に感じていると説明した。

原子力安全委員会の班目春樹委員長でさえも、「これは普通の原子炉施設ではなくて、かなり、中がどうなっているかも分からない、炉心状態がどうなっているかも分からないというようなものですから、今後、何が起こるかということについて、きちんと予想するということは非常に難しい」（原子力安全委員会のウェブサイト「記者ブリーフィング」二〇一一年一二月一二日）といわざるをえない現実である。

このように、原発事故の収束からまだほど遠い状態にもかかわらず、なぜいま「冷温停止状態」「事故収束」宣言なのか。その背景として、全国で定期検査などで停止している原発の再稼働問題と、原発周辺住民の避難解除問題があるのは、いうまでもない。

「最大の公害問題としての原発災害」（WEBRONZA二〇一一年一一月一六日本章（九）、三八頁）で指摘したように、公害問題の基本は、（一）汚染源・汚染原因の解明、（二）さらに公害発生源対策、（三）そして被害の調査、被害者の救済、である。これらの三つの点から見ても、福島の現状は、いずれもまだ緒についたばかりである。

（一）　汚染源・汚染原因の解明は、政府事故調査・検証委員会の調査結果が待たれるが、正式報告は二〇一二年九月になるという。福島第一原発のみならず、全国の残りの原発のこれまでの安全規制・対策が十分であったかが、まさに問われているのである。シミュレーションだけのストレステストでは済まされない。

（二）　さらに、福島第一原発の放射能汚染も地下水や海水への汚染状況も不明な部分がまだ多く、班目委員長が認めるように、現場にも入れず、原子炉内の状況もわからず、今後何が起こるかわからない。汚染水の海洋放出も選択肢に残されたままである。

(三) 放射能汚染の実態調査も不十分であり、今後多大な努力が必要であり、いまだに高い放射線の不安にかられる周辺住民が多い。そして、福島第一原発から六〇km近く離れていても依然として高い放射線の不安に応えられていない。除染は必要であるが、汚染がかえって広がる結果にならないように、慎重に行われる必要がある。

このように見てくると、今回の「冷温停止状態」「事故収束」宣言が、公害問題の三つの基本に応えられる段階になっていないにもかかわらず、急がれたことに危惧の念を抱かざるをえない。福島の現実はどうなっているのかを、十分踏まえた対策が求められる。

郡山市に村ごと避難を余儀なくされている川内村(二〇一一年一二月一八日に訪問調査)の遠藤村長によれば、収束とは「燃料を取り出して廃炉にし、住民の帰還が終わったこと」だという。

原発災害が最大の公害問題であるならば、その解決には時間と膨大な努力、費用がかかることを覚悟しなければならない。先をあせれば、一層被害は大きくなる。

【参考文献】

福島大学震災復興研究所『平成二三年度・双葉八か町村災害復興実態調査基礎集計報告書(第二版)』二〇一二年

（一一）　政府事故調査・検証委員会中間報告で残された疑問
（二〇一一年一二月三〇日）

東京電力福島第一原子力発電所の事故をめぐっては、多くの疑問が提出されてきたが、今回の政府事故調査・検証委員会の中間報告で、どこまでそれが解明されたであろうか。

例えば、つぎのような基本的な疑問に答えているだろうか？

- なぜ、地震の多発地帯である日本に五四基もの原発が立地することになったのか？
- なぜ、福島の事故は防げなかったのか、震源により近い東北電力の女川原発では津波の影響を受けたが、全電源喪失は防ぐことができた。
- なぜ、過酷事故対策が電力会社の自主的な取組にまかされたのか？
- なぜ、「全電源喪失」対策が不十分なままであったのか？

政府事故調査・検証委員会の中間報告は、地震と津波の被害後の対応に焦点が当てられている。東電と政府の連絡のまずさ、官邸内の連携の不十分さ、東電自体が事態をよく把握できず、一号機の非常用復水器の機能不全に気がつかなかったこと、などが指摘されているが、これらはすでに様々に報道されてきたことである。

事前の過酷事故対策については、設計基準を超える津波のリスクが十分認識されていなかった、全電源喪失や緊急時対応が不十分だった、地震や津波など複合災害を想定していなかった、などを指摘しているが、問題はなぜ、そうなったかである。

今回の震源により近い、東北電力の女川原発は、津波対策として海抜一五mの高さに設置し、地震対策として建築基準法の三倍の耐震強度にしたので、なんとか電源を確保できた。しかし、東京電力の福島原発はそうした対策をとらなかった。

福島原発は米ゼネラル・エレクトリック社(GE)の設計で、当初地震や津波を想定していなかった。しかし、その後四〇年を経るなかで、耐震基準の規制が厳しくなっていったにもかかわらず、抜本的に対策を行わないできた、欠陥原発といってもよい。安いとされた原発であるにもかかわらず、大型火力発電のコストが下がり、原発のコスト優位が崩れ始めた。福島第一原発の保守管理者として勤めた蓮池透(元・北朝鮮による拉致被害者家族会事務局長)さんは、『私が愛した東京電力』(かもがわ出版、二〇一一年、六四頁)の中で、天然ガス火発などのコストが下がり、原発にコストをかけたら原発でつくる電気は安い電力ではなくなってしまうので、徹底したコスト削減が図られ、「本当は、古いプラントほど安全のためには改造が必要だった」と述べている。

具体的に全電源喪失が起きた原因として考えられるのは、(一)地震により送電線がすぐ倒壊、(二)海側に置いた非常用電源が津波で作動せず、(三)原発コントロール室が電池切れで制御不能、さらに炉心溶融に至る過程で、ベントとフィルターの不備(EUでは設置)、などがあり、背景に

「安全対策の節約」によるコスト削減を指摘できる。

今回の中間報告によれば、二〇〇八年に東電は有識者の意見を踏まえ地震本部の見解をもとに津波を試算し、高さ一五・七ｍとの結果が出た。しかし防潮堤の設置には数百億円規模の費用と約四年の時間が必要とも報告されたという（中間報告書、三九六頁）。保安院も震災四日前の三月七日に高さ一五・七ｍの試算の報告を受けたが、対策を明確に要求しなかった（同、四〇五頁）。防潮堤のコスト増加で、「安い原発のコスト」上昇を恐れた東電もさることながら、国の規制の緩さも見逃せない。

報告書は、東電幹部が一様に「設計基準を超える自然災害やそれを前提とした対処を考えたことはなかった」とし、その理由を明確に説明した人はいなかったが、「想定しはじめるときりがない」「柏崎刈羽で事態を収束でき、設計が正しかったという評価になってしまった」（吉田所長・当時）という証言にも触れ、認識の甘さを指摘している（同、四三九頁）。「全電源喪失を想定したら原発は運転できない」という考えは、斑目原子力安全委員会委員長も浜岡原発をめぐる裁判で、中部電力側の証人として発言していたことである。そうだとすれば、たんに東電の問題ではなく、日本の原子力関係者全体の問題である。

今回の中間報告は、こうした認識の甘さや誤判断を生み出した構造的・組織的な背景には踏み込んでいない。事故の検証から明らかになった教訓を生かして、これまでの原発の安全規制と運転規制の抜本的な改革が求められているのであるから、それに結びつく本格的な分析と検証がさらに深められる必要がある。

アメリカのＴＭＩ（スリーマイル島）事故の調査委員会は半年間で一五〇回の公聴会を開き、改善勧告を含む報告書を作成し、また事故調査委員会ではないがドイツの安全なエネルギー供給に関する倫理委員会は、福島の事故を受けて、わずか二カ月で報告書を作成し、ドイツの脱原発の理論的裏づけを行った。

政府事故調査・検証委員会は、限られた予算と権限のなかで、大部の中間報告を出し、これまでに明らかにされていない詳細な事実を示した点に意義がある。しかし、さらに先に示したような国民からの疑問に応える、一層深い分析を期待したい。それが、原子力の具体的な安全規制の改革提案と結びつき、世界に対しても説明責任を果たすことになる。

【参考文献】

東京電力福島原子力発電所における事故調査・検証委員会『中間報告』二〇一一年　http://www.cas.go.jp/jp/seisaku/icanps/post-1.html

東京電力福島原子力発電所における事故調査・検証委員会『最終報告』二〇一二年　http://www.cas.go.jp/jp/seisaku/icanps/post-2.html

（一二）　原子力利用は社会的倫理的判断が必要だ（二〇一二年二月一日）

現在、国内の全原発四八基が停止する可能性もありうるなかで、日本のエネルギーをどうするか、原子力なしでやっていけるか、が大きな関心を呼んでいる。そこで、原子力をエネルギー利用にどう位置づけるのかについて、これまでのように、原子力の専門家に任せるのではなく、国民的議論に基づく、社会的倫理的判断が求められている。

この面では、日本は国のエネルギー計画と方向性に関して、国会の関与が少なく、国民的議論も不十分であった。まず決め方を変えなければならない。原子力利用に関する決定は、社会による価値決定に基づくもので、これは技術的・経済的な観点よりも先行するのである。

その際、事故のリスク、温暖化の問題、安定供給と輸入依存度、核廃棄物と核拡散のリスクなどについて、「持続可能性」の視点から、現在と未来の「自然と人類」に対して責任を負いうるかという立場で検討することが社会的倫理的判断である。人間は「技術的に可能なことはなんでも行ってよい」わけではない。そこに倫理的判断が必要なのである（ドイツ安全なエネルギー供給に関する倫理委員会報告）。大江健三郎もこの報告書を引用して、「私らに倫理的な根拠がある、原発利用を終結させるべきだ」と論じている（『朝日新聞』二〇一二年一月一八日付文化欄）。

さらに倫理的判断は「責任」という観念と深く結びついているので、原子力を使わない場合の代替案についても検討することが不可欠である。選択肢がないという状況は、民主主義社会を危機に陥れる可能性がある。現在、日本では各エネルギーのコスト比較や「ベスト・ミックス」が論じられているが、これはベースロードとしての原子力を前提として、原子力以外のエネルギーとの組み合わせを論ずるものであり、福島原発の事故を踏まえて、根本的に見直されなければならない。

シミュレーションに基づくストレステストだけでは十分ではなく、地震津波の想定から、全電源喪失対策、過酷事故対策の法令義務化、避難区域の拡大、事故時の緊急対策など、抜本的見直しが必要なことは明らかであり、政府の事故調査・検証委員会の中間報告が二〇一一年末にやっと出され、国会の事故調査委員会の活動は始まったばかりである。

さらに、エネルギー政策として、課題を短期・中期・長期にわけて、広く公開して検討することが大切である。短期的課題として、プルサーマルは中止し、福島原発事故の正式な事故調査報告が出ていない段階で、定期検査中の原子炉は稼働させるべきではなく、再稼働なしへの対応策を早急に検討する。

中期的課題として、脱原発依存をすすめるために、省エネルギーの徹底、天然ガス火発、再生可能エネルギー受け入れ拡大、送電網強化、熱電併給を積極的に計画し、実施する。そのための再生可能エネルギー買取法はすでに成立しており、地域における具体化をすすめる。分散型再生可能エネルギーはリスクを減らし、市民社会を強める基礎となる。

長期的課題として、原発の新増設がなければ、二〇五〇年には原発ゼロになる現実を踏まえ、省エネルギーと再生可能エネルギーで脱原発を実現する戦略と計画を検討する。

原子力なしにエネルギーを賄えるかが、実際的な課題として深刻化するなかで、その課題に応えるには、深い社会的倫理的判断が求められるのである。

【参考文献】

安全なエネルギー供給に関する倫理委員会（吉田文和、ミランダ・シュラーズ訳）『ドイツ脱原発倫理委員会報告――社会共同によるエネルギーシフトの道すじ』大月書店、二〇一三年

（一三）原発の再稼働問題――原子力の安全ガバナンスからの分析（二〇一二年二月二一日）

今回の原発災害の原因背景分析として、私は原子力の環境ガバナンスという視点からの分析が必要であると考える。環境ガバナンスという考え方は、環境問題を政治経済学的に分析する方法で、環境問題に関する「制度、法律、慣習」と「各アクターの戦略とその条件」との相互作用の解析を通じて、問題の所在と解決の展望を見出す方法論である（吉田文和『環境経済学講義』岩波書店、二〇一〇年、第四章参照）。法制度が各アクターを規制すると見る一方で、各アクターの相互作用によって法制度がつくられるという側面も見る。電力会社は政府の基準と規制に従って運転したから、政府に責任があるというが、実際には、その基準と規制そのものが電力会社の働きかけによって作成されてきた経緯がある。

原子力に関する日本の法制度と規制は、旧科学技術庁下の原子炉等規制法の規制と旧通産省・資源エネルギー庁下の電気事業法の規制の二元的な規制のもとに置かれてきた。しかし、環境問題としての放射能汚染については、環境基本法から除外され、原子力基本法などに定めるとされながらも、その法律には具体的な定めは存在しない。わずかに、原子炉等規制法第六四条や原子力災害特別措置法第二六条があるが、大規模かつ広範の放射能汚染を想定したものではない。しかも津波・

地震や全電源喪失など過酷事故対策は、具体的な法規制がなく、事業者の自主的な取組に任されてきたのである。

こうして日本では、狭い国土に五四基もの原子力発電所を全国に立地させながらも、大規模な原子力発電所の事故による放射能汚染に対処する具体的な法制度がないままに四〇年以上、操業が許されてきたのである。福島の事故が実際に起きて、原子力発電所の事故そのものへの対応と放射能汚染への対応が後手、後手に回ったのは、ある意味では当然なのである。しかし、このことの意味するところは重大である。このような法制度の抜本的改革のないままに、今後、地震活動の活発化が懸念される日本列島において、原子力発電所を再稼働させようとする動きがすすめられていることである。

つぎに、原子力発電をめぐるアクター(参画者)分析に移る。最大のアクターは電力事業者であり、日本では地域独占と総括原価方式を許された九電力が原子力発電を行うほか、日本原子力発電などの事業者も存在する。その他、重要な事業者アクターは重電メーカーであり、東芝、日立、三菱などが原子力発電所の建設から維持管理までを下請けするという重層構造がある。もともと日本の商業用原子力発電はアメリカからの技術導入ですすめられ、福島第一原子力発電所は米ゼネラル・エレクトリック社(GE)によって建設され、当時「GE村」ができたほどである。外国からの輸入技術などで外国の安全基準で原子力の安全が保証されるとされ、基準も翻訳されたものが多いなかで、日本には固有の地震と津波という問題があるにもかかわらず、安全規制の曖昧さが残ったままであった。

これに対して行政アクターは複雑で、国産原子力技術の開発をすすめる旧科学技術庁（現文科省）が原子炉等規制法を担当し、旧通産省・資源エネルギー庁が「国策民営」の原子力発電をすすめる電気事業法を担当するという「二元体制」ができた。しかし一九八〇年代、一九九〇年代を通じて、この科技庁とエネ庁の権限争いと行政隔壁が安全確保のための阻害要因となり、規制の高度化のために行政アクター側の力を結集できなかった。文科省所轄のSPEEDIのデータが避難計画に活用できなかった遠因は、ここにある。

二〇〇一年の省庁再編により、原子炉等規制法は文科省が担当するものの、実際の検査は、経済産業省の原子力安全・保安院（三三〇名）が行い、その結果を内閣府の原子力安全委員会が承認し、ダブルチェックすることになり、原子力エネルギー推進の経済産業省のもとで安全規制を行うという利益相反問題と規制体制の複雑化が起きた。実際には電力会社側アクターに圧倒的に情報と人材があり（情報の非対称）、保安院などの規制側アクターには人材不足と電力会社との「もたれあい」がすすんだ。保安院の幹部はスペシャリスト化が遅れ、経済産業省内部の交替人事であり、福島の事故当時の寺坂保安院長は経済学部出身、広報担当の西山審議官は法学部出身であった。真の意味でのプロフェッショナルが育たず、「原子力ムラ」が残るということになったのは不幸である。関係する研究機関が研究成果を出しても保安院が生かせない状態であった。実際、JNES（原子力安全基盤機構、四八〇名）は、津波で炉心溶融損害が生じる可能性を報告していたのである（原子力安全基盤機構「地震時レベル2PSAの手法の整備（BWR）」二〇一〇年）。

チェルノブイリ事故で過酷事故対策が日本で問題になった際に、過酷事故対策を考えることが、原発が安全でないことを認めることになると考え、政府側は全国の原発訴訟を考慮し、電力会社は原発立地の地域のことを考え、政府と電力会社双方が規制ではなく、自主的な取組にすることになったという説明も行われている（NHK「シリーズ原発危機 安全神話」二〇一一年一一月二七日放映）。保安院原子力防災課長は、政府事故調査・検証委員会の聞き取りに対して、「AM（過酷事故対策）は、自主保安の領域で、規制ではないという位置付けになっていたので、目の前の規制課題に集中し、振り回されていた」（中間報告書、四二九頁）と述べているように、二〇〇二年の「トラブル隠し」事件以来、「木を見て森を見ない」細かい規制と報告への対応に気をとられ、本質的な過酷事故対策が後回しになり、自主的取組に任されたことは最大の問題であり、かつ規制側も行政アクター間の役割分担と地方自治体との協力体制の構築が遅れたのである。いまだに緊急時の避難計画は、直接の原発立地町村だけを対象としたものが多く、全く不十分であることは、今回の福島の事態が示している。

福島の事故によって、原子力をめぐる法制度の抜本的な改革と各アクターの役割と協力関係の見直しは必至である。福島の事故は現行の原子炉等規制法で防止しなければならない事故であり、現行法に欠陥があった。津波の評価、全電源喪失対策、過酷事故防止の法規制が必要である。電気事業法と原子炉等規制法を一本化し、保障措置、放射線規制、原子力損害賠償法の規制を環境省に設置される原子力安全庁に一本化する。モニタリングも法定委託事務として都道府県で実施し、防災対策も抜本的に強化しなければならない（西脇由弘「日本の原子力行政の課題」国際コンファレンス、二〇一一年一二月二二日）。

国会の事故調査委員会で斑目原子力安全委員長が証言しているように（二〇一二年二月一五日）、従来の安全審査指針類に瑕疵があり、立地審査指針の基準も抜本的な見直しが必要であり、炉心溶融などの過酷事故の規制強化が必要なことは明白である。

こうした安全規制の抜本的改革なくして、原子力発電所の再稼働はありえない。

【参考文献】

福島原発事故独立検証委員会『福島原発事故独立検証委員会　調査・検証報告書』ディスカヴァー・トゥエンティワン、二〇一二年

（一四）ドイツの「福島から一年」（二〇一二年三月一五日）

一年前と同様に、二〇一二年の三月一一日も、私はベルリンで再生可能エネルギーに関する調査を行っている。この一年間に、日独両国で、いろいろなことが起きた。ドイツは、田舎町に行っても、Fukushimaが話題となる。何よりも、福島の事故をきっかけにして、一〇年以内の原発廃止を決めた。ドイツでは、三月一一日に全国で様々な取組が行われ、核廃棄物や中間貯蔵場関係の抗議行動も組織されている。

この間、多くのマスコミが「福島から一年」の特集を行っている。三月初旬のテレビ討論では、原発廃止の根拠づけを行った「安全なエネルギー供給に関する倫理委員会」委員長のクラウス・テプファー氏（元環境大臣）は、ドイツには地震も津波もないが、原発事故が「ハイテク国家」の日本で起きたことを想起すれば、対処できない原発事故が実際に起こりうることを示したと強調していた。

週刊誌の『ツァイト』（三月一日号）は、福島で何が起きたのか、福島の原子炉はいまどうなっているのか、放射能汚染の現状について述べ、避難民や子供の生活についてはよしもとばななの報告を紹介している。経済面では、ドイツが決めた「エネルギー大転換」は、バベルの塔であるという議論や、太陽光パネルの新規買取価格の低減(一九セント/kWh)について紹介している。保守系の全国紙『フランクフルター・アルゲマイネ』は、「グリーン成長の幻想」(三月一日)、ドイツの「エネルギー大転換」(三月九日)を紹介しつつ、日本については、四八基の原発停止とコスト問題、再生可能エネルギーへの取組について、津波の犠牲者への「祈りの姿」の写真とともに取り上げている。

ドイツ国内では、二〇二二年に原発を廃止するという決定については、国民的な支持を得ており、一部に賠償を求める裁判が提訴されたが、大手電力会社もそれに従う方針である。

問題は、原子力をなくした後の代替エネルギーと省エネの促進である。古い原発を順次廃止していき、近代的な火力発電(天然ガスと石炭)へ転換し、風力とバイオマス、そして太陽光などの再生可能エネルギーを拡大させることと並行して、省エネ、エネルギー効率化に取り組む方針は、明確である。一部にいわれたのとは異なり、フランスなどからの原子力電力に頼るのではなく、むしろドイツの火力発電から冬の暖房に電気を使うフランスへの送電は増えている。

しかし、ドイツ原発廃止の代替策の、再生可能エネルギーの中心となる洋上風力発電と、送電網の抜本的な拡大は、予定通りにはすすんでいない。様々な技術的な課題の解決と社会的調整には時間がかかる。

振り返って、日本の「福島から一年」はどうであったのか。世界に対して「福島からの教訓」を発信できているのであろうか。三月一一日の福島の事故について、時の首相の対応が適切であったかどうか、というようなレベルに関心がとどまっているところに問題がある。

第一に、福島の事故の原因と背景を明らかにする課題(原因論、背景論)が、いまだに残されたままである。民間事故調の報告は公表されたが、政府と国会の報告は一年たっても完成せず、政府の対策委員会の記録も不完全である。

第二に、いまだに一三万人の人々が避難を強いられており、放射能汚染の現状、被害の現状と詳細を明らかにし、被害者救済の努力を続ける課題が残されている(被害論と救済論)。

第三に、斑目原子力安全委員長が指摘するように、原子力発電所の従来の安全審査指針類に「瑕疵」があり、立地審査指針の基準も抜本的な見直しが必要であり、炉心溶融などの過酷事故の規制強化が必要である。地震国の日本で、五四基もの原発を運転できる体制にはなかったのである(規制改革論)。

第四に、原発への依存を減らし、省エネと再生可能エネルギーなど代替エネルギーの開発を行い、電力とエネルギー供給の制度改革を行う、中長期的な展望をもつ必要がある(代替エネルギー論)。

以上、原発事故の原因解明と規制・基準改革なくして、原発の再稼働はありえず、国民を再び、事故の危険にさらすことは避けなければならない。

四八基の原発が全停止しても、省エネと節電、そして融電(電力会社間の電力の融通)で乗り切る、全国的な取組と体制づくり、そして電力システムの合理化と改革、全国送電網の抜本的強化が不可欠である。

ドイツでも、「エネルギー大転換」への取組は、すべての関係者、政府、国民、企業、エネルギー関係企業の協力なくしては不可能であり、そのための体制づくりが必要であると強調されている。
「原発なし」で電力エネルギーを供給していく「制度と技術」は、世界にすでに存在している。省エネ・節電、ピークカット、融電、再生可能エネルギーに関する全国民的な取組と協力こそが、「一年後の福島」の教訓であり、多くの犠牲を無駄にしない道である。

【参考文献】

原子力市民委員会『原発ゼロ社会への道――市民がつくる脱原子力政策大綱』二〇一四年

（一五）組織替えだけで問題は解決しない
——原子力規制庁をめぐって（二〇一二年三月三一日）

原子力規制庁は独立性の高い委員会か、あるいは環境省の外局にすべきか。

当初、発足予定であった原子力規制庁は、環境省の外局という位置づけで、経済産業省のもとにある現原子力安全・保安院から四〇〇―五〇〇人、内閣府の原子力安全委員会（事務方）七〇人、文部科学省の原子力安全課四五人を統合して、五五〇人の人員を予定していた。実質的には、経済産業省傘下の原子力安全・保安院を環境省の外局に移す組織替えとみなされている。

しかし、根本的な課題は、これまでの原子力関係の安全規制のどこに問題があったかを明らかにし、それに基づいて法の改正と規制体制と水準の抜本的改革を図ることである。

国会の事故調査委員会で斑目原子力安全委員長が証言しているように（二〇一二年二月一五日）、従来の安全審査指針類に瑕疵があり、立地審査指針の基準も抜本的な見直しが必要であり、炉心溶融などの過酷事故の規制強化が必要なことは明白である。

規制体制も、能力と責任が不十分であり、結果として福島の事故を防ぐことができなかった。それに対して、原子力規制機関のあり方として、アメリカのＮＲＣ（原子力規制委員会）のような独立性の高い委員会方式か、あるいはドイツのように環境省のもとに置くのか、という組織上の位置づけが主に問題にされている。しかし、まず原子力規制の水準と能力の問題を基礎として検討すべきである。

原子力安全・保安院を経済産業省から切り離して、環境省の外局に置き換えても、規制基準と監督のあり方が厳格になり、規制能力と責任が格段に高まらなければ改革の意味はない。さらに問題なのは、原子力安全基盤機構(JNES:独法)が原発の安全検査を続けることであり、原発メーカーOBが検査を行い、検査内容の原案を電力会社に作成させるなどの「馴れ合い」などがたびたびあったと指摘されていることである。

これまでの原子力の規制に関わる最大の問題は、原子力関係の技術や安全の実態について、電力会社やメーカーに圧倒的に知識と情報が集積しているのに対して、規制する側に知識と能力が不十分であるという点である。原発のオンサイトに駐在している原子力安全・保安院の係官が、規制される発電所側から教えられているというのが実態であるといわれている。福島第一原発の事故の際には、現地の保安院の係官は、情報収集もままならず、ほとんど役に立たなかったことはよく知られている。

アメリカのNRCの場合も、「規制の虜」(regulatory capture)といわれる、規制する側が規制を受ける側に取り込まれるという問題が指摘されているが、それでもまだNRC自体のプロフェッショナルな人材育成と規制の水準を確保する制度づくりが行われてきた。ひるがえって、日本の原子力規制の問題は、旧科学技術庁(文科省)系の研究開発炉規制と旧通産省系の商業炉規制の二元体制が続き、規制組織が複雑になると同時に、規制する側の能力向上、プロフェッショナルな人材の育成が遅れたが、「原子力ムラ」のネットワークは機能していたといわれる。さらに、過酷事故対策が自主的な取組に任され、原子炉等規制法の規制が十分でなく、安全設計審査指針、耐震設計審査指針、防災指針が不十分であった。しかも保安院は防災指針の改定強化にたびたび反対してきたのである(二〇〇六年、二〇一〇年)。

したがって、これらの規制の厳格化、法制度化とともに、規制する側の責任と能力向上が一段と高く求められているのである。それによって、規制の「独立性」「客観性」「透明性」を確保しなければならない。この点で、原子力の安全審査に当たった経験のある桜井淳氏が六点にわたり提言を行っているのは大変重要である。

(一)　米原子力規制委員会並みの独立性(電力事業者の介入防止)と権限、公正性、透明性、倫理観、技術力の確保
(二)　米国並みのプロフェッショナル・エンジニア制度への移行
(三)　規制への最新情報の反映
(四)　日本原子力研究開発機構(旧日本原子力研究所)などの人材や蓄積知識の有効利用
(五)　省庁人事の弊害を克服
(六)　助言機関としての原子力安全委員会と日本原子力研究開発機構の見直し

（桜井淳「原子力規制はいかにあるべきか――第四回：考察 原子力規制のあるべき姿とは」Nikkeibp.techon：二〇一二年三月一二日 http://techon.nikkeibp.co.jp/article/FEATURE/20120312/208432/?vt=nocht）

電力会社側も規制側も、人材育成とプロフェッショナル・エンジニアの育成が不可欠であり、脱原発を行っていく場合でも、原子力関係の専門家はますます大切になっている。

こうした安全規制の法改正と規制体制の抜本的改革と規制水準の高度化・独立化なくして、原子力発電所の再稼働はありえない。

【参考文献】

大阪府市エネルギー戦略会議『大阪府市エネルギー戦略の提言』二〇一三年

（一六）　スイスが学んだ三九の福島の教訓（二〇一二年五月一六日）

大飯原発三号機、四号機の再稼働が大きな争点になっているなかで、京都府と滋賀県の両知事が、原発の安全性確保に関して、以下の七項目の提案を行っている。

（一）　中立性の確立
（二）　透明性の確保
（三）　福島原発事故を踏まえた安全性の実現
（四）　緊急性の証明
（五）　中長期的な見通しの提示
（六）　事故の場合の対応の確立
（七）　福島原発事故被害者の徹底救済と福井県に対する配慮について

いずれも、当然の提案であるが、福島の事故を踏まえたこのような提案は、国際的にもすでに提起されているのである。

国内に五基の原発を抱え、四〇％の原発依存度のスイス連邦は、福島の事故を受けて、二〇年後の二〇三四年ころを目途にした脱原発、新設なしを決定した。そのスイス連邦の原子力安全検査局

（ＥＮＳＩ）は、福島の事故を深刻に受けとめ、あと二〇年にわたり、原発を運転するうえでの三九の教訓を詳細に調査のうえ、約半年後に公表している（Lessons Fukushima：二〇一一年一〇月二九日、原文はドイツ語）。一年たっても、政府と国会の正式な事故調査委員会の報告も出されていない日本と比べて、その対応の速さは注目に値し、その報告内容も大変重要である。とくに、日本でも指摘されている個々の設備や対応の問題点にとどまらず、それをもたらした構造的要因を電力会社と政府の制度と規制のあり方にまでさかのぼって解明しようとしている点は、当事者の日本の分析よりもすすんでいる。

以下にスイスが学んだ三九の教訓を紹介する。

【付録資料】

「福島の教訓二〇一一年三月一一日」
スイス原子力安全検査局　二〇一一年一〇月二九日
第五章　付録：教訓の要約

スイス原子力安全検査局は、福島原発事故の包括的分析を行い、その結果を二つの報告で公表している。その調査結果によれば、事故を招いた一連の組織的、技術的不適切さを示している。この分析からの知見をここに、三九の教訓としてまとめる。これは、一方で事実による裏づけがあるが、他方で仮説に基づいている（二〇一一年八月までに得られた情報）。一連の教訓は、内容的に限界はないが、これまでの深められた分析を要約している。

問題群一　制度上、組織上の欠陥

教訓一　学習する組織を発展させせない欠陥

国内および国際的事故の経験が十分に考察されていない。二〇〇七年のIRRS（IAEAの総合的規制評価サービス：Integrated Regulatory Review Service）委員会が求めた事故について、何も公式の検討がなされず、国外の事故から改善措置が日本の原発でとられていない。（訳注：国外のスリーマイル島事故、チェルノブイリ事故、国内のJCO事故、柏崎刈羽事故などの分析、教訓を生かしていない）

教訓二　貧弱な企業文化

経営者は、偽造と隠蔽を助長する企業文化のもとにあるように見える。（訳注：「やらせ」問題）

教訓三　経済的配慮から安全を制限した

経営企業は、二〇一〇年の年報において、コスト節約プログラムのもとで設備検査の回数を減らしたと述べている。

教訓四　保安院が経済産業省に依存している欠陥

保安院は、経済産業省の一部である。これは利益相反であり、結果に至る決定構造の不透明性をもっている。（訳注：保安院は独立した検査能力も権限もない）

教訓五　検査における全体システムの構造的欠陥

日本の検査機関の役割と責任は不明確に規制されてきた。(訳注：もたれあい問題)

教訓六　不十分な検査の深さ

検査機関は、設備の建設と運転にあたり、津波と安全などをただ表面的にしか検討しなかったという大きな誤りを犯した。(訳注：書類審査中心)

教訓七　企業の安全文化の欠陥

安全検査がなおざりにされ、あるいは偽造された。その結果は欠陥のある維持管理体制であった。

教訓八　意思決定到達の欠陥

海水注入がもっと早く行われるべきであった。多くの理由で、会社・検査機関・政府(首相)が不十分な意思疎通のために、時機に適した決定を妨げた。決定のために必要な設備のパラメーターが連続的に検査されなかった。

教訓一五　グループ力学の危険性

これまでの企業経営で、リスクを過小評価し、警告と事実を無視し、企業の運営内部で可能な限り集団主義、自己満足、自信過剰に陥っていた。(訳注：原子力ムラ問題)

教訓二〇　安全レビューへの欠陥のある義務付け

安全部門の弱点が、WANO(世界原子力発電事業者協会)、OSART(IAEAの運転安全調査団)などの国際的な検査や国内の定期検査で解決できなかった。これは、事業者の自主規制を扱うＷＡＮＯの改善手段の問題ではなく、外部への透明性のない自主規制の問題である。ＩＡＥＡとの契約で行われたＯＳＡＲＴの専門家の改善提案は自主的なもので、何ら義務的なものではない。定期検査は、国際的な要求と異なる規制である。

問題群二　過酷事故、非常時対応の欠如・欠陥

教訓九　非常事態対処に対する不十分な準備

日本では、非常事態に対する準備が企業の自主的取組に任された。既存の緊急対処計画は多くの欠陥があった。過酷事故に対する不適切な手立て（過酷事故管理指針：ＳＡＭＧ）が技術的に行われ、連絡手段も貧弱であった。外部の非常対策が節約され、全体のインフラが同時に破壊されることを十分に考慮していない。この大きさの非常事態に対して、要員が不十分にしか用意されていなかった。外部事件（地震、津波など）のコントロールに対する追加システムが日本では、できるだけ部分的にしか行われていない。

教訓一〇　要員への過大な要求

非常事態のインパクトを緩和する過酷事故管理手段が適切に実施されないので、大規模で長期間にわたる放出が続いた。

教訓一一　規制上の欠陥

非常事態への対策が、法律に基づいて適切に規制されなかった。

教訓一二　当局の非常事態計画の遅れ

地域の危機管理部隊が準備されず、呼び出されず、関係者の連絡がとれなかったという問題がある。加えて、国際的援助の調整も十分でなかった。

教訓一三　不十分な放射線防護手段

洪水の結果、要員に対して不十分な被ばくメーターと防護手段しかなかった。

教訓一四　住民に対する不十分な情報

住民に対して、放射線被害と汚染の予想される展開についての情報は不十分で、あとで知らされた。

教訓一六　過酷な作業環境

事故が起きて、スタッフは非常に過酷な物理的・精神的なストレスのもとに置かれた。事故が起きて、実情についての知識もなかった。

教訓一七　放射能の状況が不明

危機対応が困難であったのは、放射能の状況が、とくに初期において不明であったからである。

教訓一八　過酷事故への不十分な準備

経営者は設備の安全に責任がある。最強の地震と津波の高さへの予想が不十分であった。そのために、設備の設計が不十分であった。津波の適切な解釈がどの程度、監督庁によってテストされたかは不明である。非常用ディーゼル発電機が波をかぶり、除熱できなくなった。ただ福島第一原発の六号機の空冷エンジンのみが作動し、後に五号機、六号機に利用できた。

問題群三　設備機器の欠陥・不備

教訓一九　建築構造の不備

原子炉建屋上部にある使用済み核燃料プールは、非常事態対策を困難にした。そのうえケーブルとパイプが密閉されていないために、原子炉の汚染水やベントガスを受けた。

教訓二一　不適切で欠陥のある操業

非常用復水器の技術的適正基準に基づく一号機の非常用復水器の手動停止(おそらく一本のロープ)は、地震発生から一〇分後であった。非常用復水器のバルブは、交替班長の知識がなかったので、後に閉じられていた。その結果、後の事故のために非常用復水器は自由に扱えなかった。

教訓二二　非常用設備の復旧の妨げ

非常用手段の実施(SAMG)は、停電と津波の結果、施設部分の障害(破片)のために、妨げられた。携帯電源の接続が第一に確立されるべきであったが、これがすぐに作動しなかった。海水供給の準備は、不測の事態の技術的問題があった。

教訓二三　電気設備の不備

非常用電源の全面的な脱落の結果として、一号機、二号機、四号機の照明と設備が稼働しなくなった。これらのシステムは困難な条件のもとで操業せざるをえなくなった。例えば、圧力容器の水位表示計の損傷が起きた。

教訓二四　局所的な条件が非常用手段の妨げとなった

コントロール・ルームの放射線が急激に上昇し（一時的であれ）、オペレーターの数を減らし、一時的にすべてのオペレーターが避難しなければならなかった。同じことが非常免震棟についても当てはまる。同じように放射能の条件が通信手段を悪化させ、照明設備の故障のために、非常用手段の指示と実施を妨げた。

教訓二五　通信手段の不十分な準備

非常用と命令伝達のための通信手段が当初、部分的に使用できなかった。福島第一原発の外線電話と携帯電話も同様であった。

教訓二六　ベントの問題

ベントの実施に困難が伴った。バルブの電気駆動装置は、停電のために動かなかった。したがって、コントロール・ルームから操作できなかった。バルブの手動操作は、アクセス困難のために、不可能であった。そして、高度の放射能のために、バルブを開くことが何度も妨げられた。

教訓二七　不十分なメンテナンス

安全上、重要な設備が十分にメンテナンスされていなかったという非公式の情報がある。どの程度、この情報が正しいかは明らかでない。

教訓二八　技術的に条件づけられた遅れ

海水注入の遅れの可能性があり、これは圧力容器の圧力が下げられなかったからである。それは、まだ存在していた崩壊熱への冷却水の注入量が十分でなかったからである。

問題群四　予防的措置の欠陥・不備

教訓二九　水素爆発に対する不適切な予防

水素の漏れによる原子炉建屋の爆発が予想されなかった。したがって、原子炉建屋内の水素爆発を防ぐ手段も用意されていなかった。

教訓三〇　非常用対策の設備と人員の弱点

非常用対策の実施が困難だったのは、設備のブロックとシステムが互いに独立していなかったからである。これらは使用中のパイプ、ケーブルダクト、圧縮空気供給、非常用ディーゼル、共同排気口が一緒になっていた。ブロックごとの人員に重複があった。これは非常事態に際しての人員の節約につながった。

教訓三一　不十分な電力供給

電力供給が、非常事態に対して不十分であり、ほとんど多様化していなかった。

教訓三二　安全設備の不十分な防護

非常時に求められた安全設備を、津波が損なった。おそらく冷却水の循環を停止させ、建物への空気取り入れ口が水の浸入を招いた。

教訓三三　使用済み核燃料の欠陥のある冷却

使用済み核燃料の冷却の欠陥は、これまでリスクとは見られていなかった。それは熱の発生が比較的少なく、冷却の復旧のための時間と技術的可能性が致命的ではないと見られていたからである。福島では、建物の強度の損傷によって、冷却の循環設備のいくつかがだめになり、技術的に不能になった。

教訓三四　水供給の不足

原子炉圧力容器の内部への水供給ができず、三月一二日に海水注入が始まった。

教訓三五　ホウ素準備の不足

ホウ素の備えがなく、報道によって求められて、数日後にアメリカからホウ素の提供があった。

教訓三六　事故の際のパッシブ・システムの入手性

東電と保安院は、二号機は、炉心冷却装置のバッテリー容量が切れた後も、たぶん三〇時間稼働していたと結論づけている。このことは、過酷事故のもとでも、実際に要求される設備がないもとでも、操業が可能であり、目的にかなっていることを示している。

教訓三七　損なわれた環境監視

適切な放射線の環境監視は、事故の後では、直接不可能となった。それは地震と津波で適切な設備と施設が被害を受け、破壊されたからである。

教訓三八　不十分な廃水処理

事故において大量の放射能が水を汚染した。当事者は、この水を一時的に貯蔵し、浄化し、処理し、海と土壌への放出を防ぐために、大きな困難を伴った。

教訓三九　危険物質

放射性物質のほかに、人々の健康と生態系に有害な物質の放出があった(石油、油脂、腐食性物質)

以上のように、日本でもすでに指摘されてきた、ハードの問題や対応のまずさの前提問題について、学習せずに独善に陥る企業の安全文化、集団主義の危険性、安全を犠牲にした節約、偽造と隠蔽体質、規制する側の不透明性と能力不足、利益相反、非常事態と過酷事故への対応を法規制せず、自主的取組に任せた誤りを厳しく指摘している。

ここまで外国の専門機関から指摘されては、日本の電力会社と政府関係機関に面目はなく、ここで指摘された諸問題点について、具体的な解決策や改善策が出されなければ、四八基ある日本の原発の再稼働と操業はありえないことになる。

京都府と滋賀県の両知事からの七項目の提案は、これから見ても当然なのである。

【参考文献】

Swiss Federal Nuclear Safety Inspectorate ENSI, Lessons Learned and Checkpoints based on the Nuclear

(16)　スイスが学んだ39の福島の教訓

Accidents　http://static.ensi.ch/1323964357/fukushima_lessons-learned_web.pdf

（一七）　国会事故調報告を無視して再稼働はありえない（二〇一二年七月一三日）

大飯原発三号機、四号機が再稼働し、原子力規制委員会をめぐる国会の議決が進むなかで、ながらく待たれていた国会事故調の報告書が公表された（二〇一二年七月五日）。

私は、公害問題を環境経済学の立場から研究してきたものとして、公害論の原因論と被害論を基礎とし、さらに原因背景論、責任論へと展開するという立場から福島の原発災害を分析してきた（WEBRONZA 二〇一一年一一月一六日、本章（九）参照。吉田文和『脱原発時代の北海道』北海道新聞社、二〇一二年、参照）。

今回公表された国会事故調報告書は、私とほぼ同じ立場から詳細な聞き取り（一一六七人）と二〇〇〇件以上の資料をもとにまとめられた、これまで最大・最良の事故調査報告書であるといってよい（本文のみで六七〇頁）。本報告書のキーワードは、「人災」「規制の虜」「リスクの取り違え」である。地震と津波は「想定外」ではなく、何度も警告が出され、東電と規制当局によって検討されたが、対策が先送りされてきた。それは、東電・電力会社が過酷事故対策にあたり、周辺住民の健康に被害を与えること自体をリスクとして捉えるのではなく、既設炉が停止される、あるいは訴訟上不利になることを経営上のリスクとして捉えたからである。

市場原理が働かないなかで、情報の優位性を武器に、東電・電事連が規制当局に対して、規制の先送りと基準の軟化を強く働きかけて、歴代の規制当局と東電との関係、規制する立場と規制される立場の逆転関係が起き、規制当局は電力事業者の虜になっていたことが、詳細に明らかにされている。何度も事前に対策を立てるチャンスがあったことに鑑みれば、事故は「自然災害」ではなく「人災」である。

私も「スイスが学んだ三九の福島の教訓」(WEBRONZA二〇一二年五月一六日、前節参照)で紹介したように、原発災害の原因論としては、四つの側面が重要であり、国会事故調報告書も、(一)制度上、組織上の欠陥、(二)過酷事故・非常時対応の欠陥、(三)設備機器の欠陥、(四)予防的措置の欠陥、に留意して「事故の根源的原因」と「事故の直接的原因」を明らかにしている。とくに、事故の根源的原因は三月一一日以前に求められるとして、三月一一日時点において、福島第一原発は地震にも津波にも耐えられる保証がない脆弱な状態にあったと断ずる。

二〇〇六年には、福島第一原発の敷地高さを超える津波が来た場合に全電源喪失に至ること、土木学会評価を上回る津波が到来した場合、海水ポンプが機能喪失し、炉心損傷に至る危険があることは、保安院と東電の間で認識が共有されていた。保安院は、東電が対応を先延ばししていることを承知していたが、明確な指示を行わなかった。

規制を導入する際に、規制当局が事業者にその意向を確認していた事実も判明している。安全委員会は、一九九三年に、全電源喪失の発生の確率が低いこと、原子力プラントの全交流電源喪失に対する耐久性は十分であるとし、それ以降、長時間にわたる全交流電源喪失を考慮する必要はないとの立場をとってきたが、委員会の調査のなかで、この全交流電源喪失の可能性は考えなくてもよいとの理由を事業者に作文させていたことが判明した。また、委員会の参考人質疑で、安全委員会が、深層防護(原子力施設の安全対策を多段的に設ける考え方。IAEA(国際原子力機関)では五層まで考慮されている)について、日本は五層のうちの三層までしか対応できていないことを認識しながら、黙認してきたことも判明した。スイスが指摘している「学習する組織を発展させない欠陥」である。

報告書は、第五部「事故当事者の組織的問題」において、東電が近年の厳しい経営状況で「コストカット」と「原発利用率の向上」のために、安全確保に必要な耐震補強工事等の設備投資の打ち切りや先送りを行い、安全文化に問題があったと指摘している。配管計装線図の不備が長年放置されてきたことはその象徴であって、今回のベントの遅れを招いたとされる。

また、被害論という面でも、住民アンケート調査によって、原発周辺五町であっても、三月一二日五時四四分ごろに福島第一原発から半径一〇㎞圏内を対象にした避難指示が出た際に、事故発生を知っていた住民は二〇%にすぎなかったことも明らかとなり、緊急時における政府の情報開示の問題点も指摘されている。事故により合計一五万人が避難し、一八〇〇㎢もの広大な土地が、年間五ｍSv以上の積算線量をもたらす土地となってしまった。被害を受けた広範囲かつ多くの住民は不必要な被ばくを経験した。避難のための移動が原因と見られる死亡者も発生した。

報告書に残された問題点があるのもまた当然である。「人災」という場合、制度上・組織上の欠陥、技術上の欠陥まで多岐にわたり、人災の構造的分析がさらに必要である。また黒川委員長が英文挨拶で「Made in Japan」の災害として、日本文化に引き寄せた特徴づけがなされているが、世界への福島の教訓として一般化が弱くなる恐れがある。さらに官邸と菅首相が果たした役割についても別の評価も行われており、国会事故調側の根拠づけが必要である。

残念なことは、この報告書の提言が十分生かされないまま、原子力規制委員会設置の制度と法律がつくられようとしていることである。福島の原発災害が人災であるならば、それと同じ基準と規制で運転されてきたその他の原発も当然同じリスクと問題を抱えているということであり、その再チェックがないままでの原発の再稼働はありえないということになる。そのことを示したところに国会事故調報告の意義がある。

【参考文献】

東京電力福島原子力発電所事故調査委員会『国会事故調報告書』二〇一二年

（一八）　不思議の国ニッポン、日本的集団主義の病理（二〇一三年二月七日）

・地震国に全国くまなく五四基の原発を建設・運転。
・原発事故が起きてもパニックにならない。
・原発ゼロを望む世論が七割でも、選挙では自民党が選ばれ、原発の再稼働と新設まで言及。
・福島原発事故が起きても、原発を止められない。
・巨額の国家財政赤字を抱えても、国債増発で公共事業を止めない。

これらは日本社会に深く根差す問題から発生したものであり、日本的集団主義のもたらした結果ともいえる。島国であるという地理的な特性にも支えられた共同体で、意思決定の根拠と責任所在の不明確さ、理念と現実との乖離、異端者の排除、一度決めたら止められない、集団的錯誤という問題群である。近代化されたハイテク国家日本という表層にもかかわらず、明治維新から続く日本社会の病理である。日本の目標が欧米に追いつけ、追い越せという場合には、日本的集団主義が効果を発揮し、高度経済成長を支えたのである。この目標が喪失し、かつ高度成長を支えた人口構成の変化や高度成長の結果の後始末が噴出して（原発事故もその一つ）、かつ中国・韓国からの追い上げにあって、行き詰まり、民主党政権が誕生したが、対応した改革をできないままに終わった。勝利した自民党の選挙スローガン「日本を取り戻す」は、日本的集団主義のもたらした諸問題とその帰結には目をつぶり、「日本的なるもの」への復古懐古を目指したものである。

憲法改正、国防軍創出、教育制度の改正など、統制強化と対外的に強硬姿勢を見せても、基本的な問題への反省と改革はなく、ますます矛盾は深まるばかりである。いま、教育で問題となっている、イジメや体罰もすべて、個人の人権を軽視した日本的集団主義に伴う問題であることはいうまでもない。この問題を回避して、統制を強化してもイジメ、体罰問題が解決されないことは明らかである。

ヨーロッパのなかでも、日本に比較的親近感をもつドイツは、福島原発事故について、「高度に組織されたハイテク国家日本」で起きたことを重視し、ドイツでも原発事故は起こりうると考えた。さらに、福島の原発事故で、日本の住民がパニックにならず、互いに助け合い、場合によっては、自らの命を犠牲にしてまで他の人々の命を救う日本人を賞賛したのである。しかし、最近では、福島の事故にあっても、なぜ日本が脱原発を決められないのか、いぶかしがる意見も出ている。考えてみると、ドイツ人の日本社会へのこれらの意見は、冒頭に掲げた問題群に関わるものであり、日本的集団主義に起因するものであるといえる。自己犠牲も、パニックにならないのも、子供のころからの教育訓練の賜物である。

保守派のなかでも、日本民族の行く末を本当に心配するならば、当然、原子力をこのまま続けていくことにはならないはずである。そこで、脱原発を目指す保守派の論陣の流れも生まれている。ドイツの保守党、キリスト教民主同盟のなかでも、脱原発は、はじめ少数派であったが、トプファー環境大臣などが与党内の脱原発派を増やす努力を重ね、キリスト教会もカトリック、プロテスタントともに、原子力に厳しい態度をとったことも重要である。日本の保守党や宗教界に、こうした流れがまだ本格化していないのは残念である。

原発エネルギー問題も含め、いまの制度は、戦後の保守政治のもとで、政府・官僚・財界の一体体制でつくりあげられてきたものであり、簡単には変革できないことは明らかである。そのどこに問題があり、どのように改革すべきかは、まさに「万機公論に決すべし」である。日本の原子力推進体制は、「原子力ムラ」といわれてきた。これも日本的集団主義の産物である。日本的集団主義の問題点は、結果が出ても訂正と見直しのシステムが機能しないことである。その点で、「責任ある保守」であれば、これまでの失敗を真摯に反省し、改革に取り組むべきである。新政権は「原発ゼロ」も「温室効果ガス二五％削減」も無「責任」であるとしているが、「責任」とは、結果と説明に対する責任であり、誰に対する何の責任かを明確にしなければならないであろう。

『ニューヨーク・タイムズ』紙は、新年早々の社説「日本の歴史を否定する新たな試み」(二〇一三年一月二日付)と題して、村山談話と河野談話を見直すという新首相の「恥ずべき要求」を厳しく批判して、アメリカ高官も歴史見直しに慎重であるべきだと日本側に伝えたと報道している。

先稿(第二章(一〇)(二〇一三年一月九日)参照)で、日本は、「外圧と人柱」がなければ変わらないと述べた。この二つがなければ内部変革ができないとすれば、それはあまりに悲しいことであり、進歩がない。また「外圧」といっても、アメリカのみならず、肝心のアジアの国々からの圧力と期待がある。アメリカの外圧も、原子力を続けろという圧力もあれば、プルトニウム核燃料サイクルを重視する利害関係者も多い。「人柱」も、これまで社会的弱者、生物的弱者、そして海外の犠牲が多すぎた。

第二次世界大戦の敗戦は「国破れて山河あり」といわれた。しかし「第二の敗戦」といわれた福島原発事故では、いまなお一三万人が避難生活を送り、「国破れて山河」もなくなる危険があるところが、事態の深刻さを示している。

最近の経験をよく思い起こす必要がある。一九八五年のプラザ合意を受けて、内需拡大の掛け声のもと、金融緩和とリゾート法を成立させ、産官一体となった開発バブルが起こり、環境破壊と金融機関と自治体に甚大な被害をもたらした。いまだにその爪痕が残っている。山一証券や北海道拓殖銀行が破綻した。これを見れば、金融緩和と復興バブルの帰結は、ある程度予想できるものである。

現在のデフレといわれる現象の原因は、一九九〇年代の社会主義体制崩壊のあと、まず中国やロシア、インド、ブラジルなどのＢＲＩＣＳ諸国の資本主義進展で低賃金と低価格資源による低価格品が世界市場に出回り、他方で競争により劣位になった先進資本主義国の低中間層の購買力が落ちて、物価が思うように上がらないという現象が生じたことである。勝利したはずの資本主義に敗者の国が転換して、敗者が勝者に競争で優位に立つという事態が生じたのは、歴史の皮肉である。長期的に見れば、中国や新興国の勤労者の労働生活条件の改善と環境保全を進めることは、安価な製品が世界に出回り、他国を脅かすのを減らすことになるのである。

他方で新興国の資源需要増加により、資源エネルギー、食糧価格は、デフレどころかインフレ傾向が出ており、ガソリンや灯油価格、そして電力価格の動向を見ればそれを実感でき、日本の貿易収支も歴史的な赤字を記録している。先進資本主義国に資金はすでに十分あるが、購買力が不足し、かつ新しい投資と需要の展望がないところが一番の問題なのである。そこで持続可能な社会の基礎をつくるために、例えばドイツの「エネルギー大転換」というような官民挙げての将来を見越したプロジェクトや、少子高齢化への取組が日本の状況にあわせて必要なのである。そこにこそ、イノベーションが必要なのである。この問題をまず解決しなければならないのに、一層の金融緩和を行えば、また悪性バブルが起きかねない。木に登って水を求めても、落下の危険があるだけである。「アベノミクス」に浮かれているわけにはいかないのである。

（一九）「吉田調書」の歴史的意義（二〇一四年六月一九日）

東日本大震災と東京電力福島第一原子力発電所の事故は、現代史に残る一大事件である。その基本的な資料が「吉田調書」としてまとめられていることが判明し、『朝日新聞』がその大要を報道した。「吉田調書」は、現代史の証言として、歴史の審判・検証に応える基本的資料である。個人の意思・責任を超えて、何が起きたのかを明らかにするために不可欠である。

同時に、「吉田調書」は、現代日本が直面する原子力発電所の再稼働問題に関連して、福島第一原発事故の検証が不十分ではないか、未公表の資料がまだあり、未解明の部分を残しているのではないか、という疑問を起こさせる。

竹内敬二論文（WEBRONZA 二〇一四年六月二日付）は、「吉田調書」の内容が政府事故調査・検証委員会報告に十分正確に反映されていないのではないか、という問題を提起する。そもそも政府事故調査・検証委員会のメンバーが「吉田調書」の存在を知らず、内容も読んでいない（『朝日新聞』二〇一四年六月六日付）とすれば、それは政府事故調査報告の内容の正確さに関わることである。

「吉田調書」の内容で重要な点は、『朝日新聞』の報道によれば、以下の諸点である。

（一）二号機格納容器が危険になったとき、吉田所長の意図に反して、福島第一原子力発電所の要員の約九〇％（六五〇名）が、一〇キロ離れた福島第二発電所に移動した（「フクシマ・フィフティーの真相」）。

（二）東京電力も福島第一原子力発電所が危険になる可能性を考え、撤退の方向で動いていた（「ここだけは思い出したくない」）。

（三）吉田所長は諸困難のなかで、「誰も助けに来なかった」という事態に追い込まれていた（「誰も助けに来なかった」）。

（四）それでも最悪事態を免れたのは、吉田所長を含め残った六九名と第二発電所から戻った所員の決死の努力と対処、いくつかの「幸運」（四号機の工事の遅れなど）のためであった（「「決死隊」は行った」）。

（五）吉田所長も原子炉の状態について、誤判断した部分があり、「全電源喪失」を想定していなかった（「叡智の慢心」）。

（六）原子力安全・保安院などは、三号機の異常について情報を出させず、プレスを止めるという方向に動き、人為的に放射性物質をまき散らすドライベントが住民に知らされないままに行われる恐れがあった（「広報などは知りません」）。

以上をまとめると、吉田所長の「知恵」と「勇気」があっても、地震と津波による原発事故は防げなかった。混乱のなかで原子炉の状況が正確につかめず、判断ミスもあり、外部攪乱要因などに対処できなかったのである。

このように、「吉田調書」を通じて明らかにされているのは、原子力発電所は、事故に陥った場合のリスクが大きすぎるということである。これが他のエネルギー源である火力発電所や再生可能エネルギーを利用した場合と決定的に異なる。アメリカのスリーマイル島事故や旧ソ連のチェルノブイリ事故とこの点は共通である。東電による「制御不能」、撤退という判断、東日本二五〇〇万人の避難を菅首相が検討せざるをえなかったというリスクである。

福島第一原子力発電所の事故をきっかけに最終的に脱原発を決断したドイツ安全なエネルギー供給に関する倫理委員会報告（二〇一一年五月。安全なエネルギー供給に関する倫理委員会（吉田文和、ミランダ・シュラーズ訳）『ドイツ脱原発倫理委員会報告――社会共同によるエネルギーシフトの道すじ』、大月書店、二〇一三年）の三つの論拠は、（一）原発は、事故が起きた場合のリスクが大きすぎる、（二）原発以外に安全なエネルギー源がある、（三）脱原発の方向に行くことが経済的にも有利であり、展望があるという判断であった。

まさに、この脱原発の第一の論拠を「吉田調書」が明らかに示しているところに、その歴史的意義がある。原発の再稼働を急ぐ前に必要なことは、事実に即した「反省」であり、「そもそも論」である。そのための基礎を「吉田調書」は提供している。それを「遺言」として生かして受け止めるかどうかは、我々にかかっている。そのためには、「吉田調書」の全面的公開が、是非必要である。

私は同じ吉田姓であるが、吉田所長とは親戚関係などは全くない。日本の一国民として、一研究

（19）「吉田調書」の歴史的意義

者として強く要望するものである。

【付記】

本論は、『朝日新聞』二〇一四年五月二〇日付の記事および、ｗｅｂ版の記事に基づいて書かれているが、その後、同紙は「吉田調書」についての記事の取り消しを行った。同時に「吉田調書」が公表されたために、直接、「吉田調書」に当たって、その意義を論ずることができるようになった。その点については、次節を参照されたい。

(二〇) 「吉田調書」を読む(二〇一四年九月二六日)

「吉田調書」が公開された。その存在を明らかにした『朝日新聞』は、「命令違反し撤退」という記事(二〇一四年五月二〇日付)が適切でなかったとして、記事を取り消した。私は、その記事をもとに「吉田調書の歴史的意義」を論じた責任上(WEBRONZA 二〇一四年六月一九日、前節参照)、「吉田調書」と関連調書を直接読んで、その意味するところを再度、検討することにしたい。

全文で四〇〇頁以上にわたる調書を読み、評価することは簡単ではないが、私の見るところ、「吉田調書」の意義は、事故を起こした福島第一原発の責任者自らが当事者として、事故の経緯、原因、当事者の思いを率直に語っているところにある。

「吉田調書」そのものに新情報はないという評価(開沼博「「吉田調書」を正しく読み解くための三つの前提 「朝日 vs.産経」では事故の本質は見えてこない」ダイヤモンドオンライン、二〇一四年九月一二日)も行われているが、他の証言と突きあわせることによって、何が起きたのか事実の確認を行い、さらに当事者の評価を読み取り、福島第一原発による事故評価の基礎となりうる。

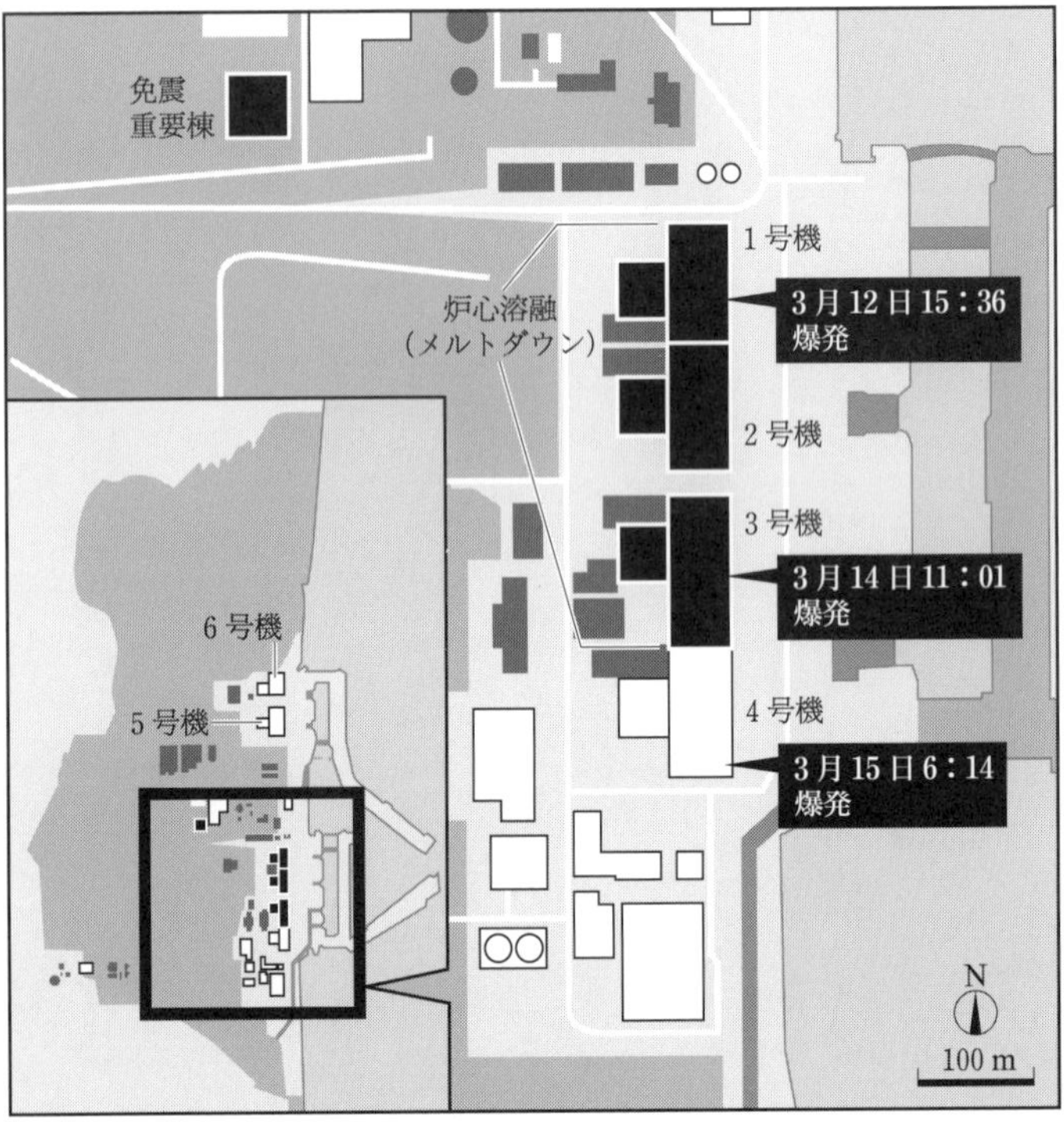

図 1-1　福島第一原発の敷地図と 1～4 号機の状態

出所）WEBRONZA 2014 年 9 月 26 日，吉田論文

「東日本壊滅」のリスク

福島第一原発の事故から何を教訓として学ぶことができるかという視点から見ると、当事者である吉田所長自身が、「完全に燃料露出しているにもかかわらず、減圧もできない、水も入らないという状態が来ましたので、私は本当にここだけは一番思い出したくないところです。ここで何回目かに死んだと、ここで本当に死んだと思ったんです」（二〇一一年八月九日聴取記録⑥五〇頁）、「放射性物質が全部出て、まき散らしてしまうわけですから、我々のイメージは東日本壊滅ですよ」（二〇一一年八月九日聴取記録⑥五二頁）と述べているところが、我々にとって、一番衝撃的であり、重要である。

原発は事故が起きると、「東日本壊滅」のリスクを抱えることが当事者の言葉によって率直に語られている。なんとか事故を抑え込めたのは、現場の必死の努力と「いくつかの幸運」（四号炉工事の遅れで、燃料プールに水が残っていたなど）に恵まれたからであった。

以下のような記述にそれを見て取ることができる。

「瓦れきが吹っ飛んでくる中で、現場にいて、一人も死んでいない。私は仏様のお蔭としか思えないんです」（七月二九日聴取記録②四六頁）、「水がやっと入ったんですよ」「やっと助かったと思ったタイミングがあるんです」（八月九日聴取記録⑥五三頁）。

何が起きたか

つぎに何が起きたか、何が問題であったかという点では、地震と津波による、全電源喪失、DG（非常用ディーゼル発電機）使用不可能という事態はそれまで想定しておらず、各炉の状況がつかめず、水位計の数値を信じ、一号炉のIC（非常用復水器）も作動していると誤認した。水素爆発も大きな盲点であった。外部電源喪失のみならず内部負荷喪失（電源盤など）も深刻であり、電源復旧も大きな課題であった（七月二二日、七月二九日、八月八日の聴取記録参照）。

「コミュニケーションが取れていなくて、現場の状況が本当に私も最初の半日ぐらい、想像できなかったです」（一一月六日聴取記録⑪八頁）、「（三号炉の爆発）四〇何人行方不明という話が入ってきた。私、そのとき死のうと思いました。そこで腹切ろうと思っていました」（七月二九日聴取記録②四六頁）。

組織連携の悪さ、相互不信の問題

今回の「吉田調書」公開によって、福島第一原発事故対応の問題点、とくに福島第一原発と東京電力本店、東京電力本店と政府官邸、福島第一原発と政府官邸の三者間での連携の悪さと相互不信が浮き彫りにされている。東電撤退問題もこの問題の一つであるといってよい。

第一の当事者であり責任者である吉田所長の、東電本店への不信と意思疎通の悪さが目立つ。「結果としてだれも助けに来なかったではないかということなんです」「ものすごい恨みつらみが残っていますから」（七月二九日聴取記録②三八頁）という点では、東電本店も政府官邸も同じである。

「本当の現場、中操という現場と、準現場の緊対室と、現場から遠く離れている本店と認識の差が歴然」「一番遠いのは官邸ですね、要するに大臣命令が出ればすぐに開くと思っている」(七月二二日聴取記録①三九—四〇頁)、「(ベントの実施命令について)我々は現場では何をやってもできない状態なのに、ぐずぐずしているという」（同、四九頁）、「注水を停止するなんて毛頭考えていませんでしたから」(七月二九日聴取記録②九頁)。

政府官邸に対する不信感も強い。「官邸と現場がつながるということ自体が本来あり得ないですよね」(八月九日聴取記録⑥一八頁)、「度を失った原子力安全委員長だな、何となく声のトーンからわかった」(同、四八頁)。

「撤退」問題

いわゆる撤退問題は、当時の菅直人首相が、東電本店に二〇一一年三月一五日早朝に乗り込み、「撤退はあり得ない」「撤退したら東電は必ずつぶれる」という演説を行ったと(二〇一二年四月三日菅直人聴取記録三四頁)、有名になったところであり、『朝日新聞』の取り消された記事は「命令違反し撤退」(二〇一四年五月二〇日付)という見出しをつけた。

今回の「吉田調書」では、何度も退避命令の指示に言及しているが、その場合でも運転担当者は残しての退避であり、いわゆる全面撤退ではないし、実際に逃げたわけでもない。

「吉田調書」には、東電本店と官邸への不信感とは反対に、福島第一原発の従業員に対する深い信頼と感謝の気持ちがあふれている。

「部下たちは、——日本で有数の手が動く技術屋だったと思います。それでこのレベルですから」「おさまったと思っています」(七月二九日聴取記録②四四頁)、「本当に感動したのは、みんなが現場に行こうとするわけです。ほとんどの人間は過剰被曝に近い被曝をして」(同上、四八—四九頁)。

退避は本店を通じて官邸にも伝えられたが、撤退と受け止められて、菅首相が東電本社に向かうという事態になる。当時の枝野官房長官は、「間違いなく、全面撤退の趣旨だったと、これには自信があります」(二〇一二年三月二五日枝野幸男聴取記録、九頁)という。

福島第一原発・東電本店・政府官邸の間での「伝言ゲーム」の結果、政府官邸は「退避」を「全面撤退」と受け取った。しかし、このような原発事故の場合のように、直接の担当者が放射能被ばくなどの危険にさらされながら、どこまで責任を果たす義務があるかという根本的問題が残り、さらに住民避難の問題など法律の規制と権限、連携問題は未解決のままである。

事前の地震・津波対策

残る大きな問題は、地震と津波に対して、事前にどのような評価と準備が行われていたかである。この問題について吉田所長は、津波の引き潮などへの言及は数回あるものの(七月二二日聴取記録①)、防潮堤建設については、「発電所の周りでは波よけするけれども、両脇の町、村から同じものが来たら全部沈んでしまう」(八月八日聴取記録⑤二一—二二頁)と消極的で、貞観地震と堆積物調査につい

表 1-1　吉田調書の構成

吉田昌郎	東京電力福島第一原子力発電所長	2011/7/22	事故時の状況とその対応について①
		2011/7/29	事故時の状況とその対応について②
		2011/8/8 2011/8/9	事故時の状況とその対応について 1③
			事故時の状況とその対応について 2④
			事故時の状況とその対応について 3⑤
			事故時の状況とその対応について 4⑥
			事故時の状況とその対応について(資料)⑦
		2011/8/9	汚染水への対応について⑧
		2011/10/13	高濃度汚染水の存在についての 3 月 24 日以前の想定について⑨ 4 月 4 日統合本部会議における発言の趣旨・背景について
		2011/11/6	事故時の状況とその対応について⑩
		2011/11/6	事故時の状況とその対応について⑪

注）「吉田調書」は、以下の内閣官邸の HP から入手できる。11 のファイルからなり、本章では、①から⑪まで番号をつけている。
出所）http://www.cas.go.jp/jp/genpatsujiko/hearing_koukai/hearing_list.html#ya

ても疑問を呈している（一一月六日聴取記録⑩二四頁）。

　こうなっているのは、吉田所長自身が、二〇〇七年の中越沖地震による東電柏崎刈羽原発の被害調査と対策に参加し、「日本の設計は正しかった」「逆に自信を持っていた」（同、五〇頁）と過信したところにもよると思われる。この点については、政府事故調査・検証委員会中間報告書にも指摘されている（第Ⅳ章、一二二頁）。

「（柏崎は）無事に安全に止まってくれたわけですよ。……設計用地震動を大きく何倍も超えている地震でそれがある意味で実証されたんで、やはり日本の設計は正しかったと、逆にそういう発想になってしまった」（一一月六日聴取記録⑩五〇頁）、「今回のような、電源が全部、あて先も涸れてしまうということが起こっていないわけです。そこが我々の一つの思い込みだったかもわからないですけれども、逆に自信を持っていたというか」(同、五〇頁)。

結局、全電源喪失はこれまで起きていない、想定外であるという枠組に吉田所長も囚われていたということになる。以下のような発言となる。

「インターナショナルの原子炉の経験からしても、電源が全部落ちてしまって、内部も全部なくなってしまいますという事象は一回も起こっていませんから、そこから考えて、ないだろうと踏んでいた。それは甘いとか何とか、批判されることは」(同、五四頁)。

国家の存亡に関わる事態

以上のように、「吉田調書」から読み取れる一番重要なメッセージは、原発は事故が起きれば、「東日本壊滅」というリスクを抱えていることを直接の当事者が認めていることである。実際に「東日本壊滅」に至らなかったのは、現場の必死の努力といくつかの偶然が重なったためである。吉田所長をはじめ、日本の原発運転事業者は、全電源喪失は想定外とした枠に囚われており、地震・津波対策を軽視し、先延ばしにした。

さらに、過酷事故が起きた場合の対応策、中央政府、電力事業者本部、原発事業所、各発電炉の連携が極めて悪いことも明白になった。東電撤退問題もその結果であるが、過酷事故になった場合の当事者の対応責任や避難誘導のあり方など、未解決の問題が多く残されたままであり、そのなかで日本の原発再稼働が始まろうとしているのである。

「吉田調書」を含む政府事故調査・検証委員会の聴取記録は膨大であり、その記録の公開方法などを正式に定めることなく、委員会が解散となり、今回のような事態となった。個人と組織の責任を問うことが目的ではなく、事故の原因と経過、教訓を引き出すことが目的であれば、聴取記録がなんらかのかたちで一定の期間を置いて公開される必要があるのは、いうまでもない。ましてや福島第一原発事故のように、国家の存亡がかかる事態では当然である。多くの国民の関心事であり、公論の基礎資料となるものであり、是非、適切なかたちで全面公開されることを強く望むものである。

二　脱原発論

（一）「脱原発」で地球温暖化対策は可能か？（二〇一一年四月一九日）

未曽有の規模の地震、津波、原発震災という三重苦がこの国を襲い、被害の範囲、人々、その深刻さは、これまでの類例を見ない。近代文明ゆえに被害を緩和できた面もあるが、電気・ガス・水道などに依存しているために被害を拡大させた面も否定できない。とくに電気への依存、原発への依存のゆえに、生活を困難にしている面がある。

災害からの復興も急がれるけれども、旧に復して、また同じような事態に陥ってはならない。持続可能で安全な国づくりと生活の再建が、いまこそ求められている。これは、困難で長期にわたる道のりになることは予想されるけれども、だからこそ、十分な分析と検討を行い、ここに至った原因と今後の対策と展望を、議論をつくして行う必要がある。「国難」を理由に、意見を封ずるようなことがあってはならないであろう。

現在の日本は、多くの困難を抱えているが、まだまだ復興に十分な基本的条件がある。

（一）　震災の被害は主に、東北地方の太平洋側が中心である。

（二）　首都圏は影響を受けたものの、北海道、中部圏、関西圏、九州・四国・中国地方など、ほとんど無傷で残った多くの地域がある。

(三) 初動が遅れたとはいえ、被災地への救援体制、避難地の確保と避難が行われつつある。

(四) 海外からの多くの支援があり、また注目されている。

私は、今回の震災に際し、中国の知人から「天災無情、人有情」(天災は無情だが、人間社会には情がある)という慰問の手紙を受け取った。忍耐力が強く、勤勉な日本の国民は必ず万難を排し、故郷を立て直せることを信じ、援助を惜しまないという。まことに有り難い励ましの言葉である。この震災を契機に、最近悪化しているアジアや世界との協力関係の新たな展開も展望する時でもある。これまで「脱原発」と再生可能エネルギーの普及といえば、一部の人の偏った主張で、空想的で問題にならないという立場が日本では支配的であった。たしかに、直ちにはそれは難しいと思われるが、問題は基本的な考え方と枠組の転換、そして政策の方向性である。この面では、EUやドイツの取組と方向性に、日本やアジアが学ぶべきことが多いと考える。

二〇一一年三月一一日、私はドイツのベルリンで、日本の地震の一報を聞いた。再生可能エネルギーの現場を取材中であった。トルコ人の経営する行きつけの八百屋から、知らされたのである。後に帰国するに際し、その八百屋がヒロシマを口に出して、お悔やみを述べてくれた。たしかに、ヒロシマとフクシマはシマが共通の音なので、はじめは誤りとも思ったが、これには深い意味があるのではないかと考え直すようになった。

今回の東日本大震災による福島第一原発の原発災害が、日本と世界における「脱原発」を引き起こす引き金になるかもしれないという予感がするのである。その意味で、ヒロシマと同じくフクシマは歴史の転換点になりうる。その払った犠牲と教訓を人類は学ばなければならない。必要なエネルギー・電力政策の見直し、今回の東日本大震災を受けてのエネルギー・電力政策の見直しは必至である。以下に、見直しの方向性について私見を述べる。

・原子力発電所の安全総点検、地震と津波対策、立地と非常用電源の点検を早急にすすめ、老朽化した原子炉の停止・廃止をすすめる。あわせて核燃料サイクルの再処理方針を凍結する。これまでの原子力行政のあり方を抜本的に見直す。

・経済産業省・資源エネルギー庁とは独立した権限と機能をもつ原子力安全規制委員会を創設する。

・全体として、エネルギー消費を減らし、とくに電力消費の抑制、省エネの徹底を図る。夏の冷房需要の抑制、夏季長期休暇の設定、サマータイムの実施など、によりピークロードを抑える多様な政策を実施する。

・ベースロードを原子力からLNG、LPG、その他ガス発電やガスタービン発電など、環境負荷の少ない化石燃料への切り替えを行う。東京電力の電力供給は二〇〇一年にピークを迎え、二〇〇三年四月にはデータ改ざん問題で原子力発電所一七基すべてが停止したが、その年の夏の冷房需要を乗り切れた。

・太陽光、風力、バイオマス、地熱、小水力など再生可能エネルギーの利用、地域分散型エネルギーの抜本的拡大をすすめる。大震災の日に閣議決定された、再生可能エネルギーの固定価格買取制度(FIT)の本格的運用と改善を図る。これまで原子力関係に注がれてきた予算と電源立地と再処理関連の積立金を組み替えれば、十分できる予算がある。とくに、半導体産業の集積があり、風力発電とバイオマスのポテンシャルの高い東北地方を日本の再生可能エネルギーのセンターとして再興すべきである。

・熱と電力の総合的な利用、熱電併給をすすめ、電力会社、ガス会社、公的機関の各地域における協力をすすめる。

・電力自由化、発電部門と送電部門の分離を検討し、電力エネルギーへの参入促進、日本全体の送電網(national grid)の抜本的強化再編、公的管理の強化をすすめる。

・交通分野の省エネ、公共交通機関へのシフト、自動車による石油消費を抑制する。

・省エネと化石燃料節約を促進するための、地球環境税、国内排出量取引制度の実施をすすめる。

今回の事態を受けて、環境省は京都議定書目標を達成不可能と考え、その罰則適用除外要請と二〇二〇年二五％削減目標の見直しを早々と提起しているが、これは全く不適切である。むしろ、この機会に環境省は、ドイツのように、再生可能エネルギー部門と原子力安全規制部門を経済産業省から分離させ、脱原子力発電と再生可能エネルギーの抜本的拡大の主導権をとるべきである。

以上、全体として、地球温暖化対策と脱原子力発電が両立できる政策見通しを立てることが緊要である。東日本大震災の危機を転じて、長期・中期・短期の復興計画を立て、持続可能で安心して生活できる二一世紀の日本と世界を目指す、その機会とすべきである。

【参考文献】
本田宏・堀江孝司編著『脱原発の比較政治学』法政大学出版局、二〇一四年
吉田文和『グリーン・エコノミー――脱原発と温暖化対策の経済学』中央公論新書、二〇一一年

(二) ドイツの脱原発と温暖化対策
――福島事故で脱原発に再転換(二〇一一年五月五日)

ドイツは、今回の福島第一原子力発電所の事故を深刻に受け止め、前政権が決めた、二〇二二年までに原発を廃止する路線に再度戻る方向である。原発の一次エネルギーに占める比率が一割以上である現状を考えると、それがいかに挑戦的課題であるかわかるであろう。しかも、ドイツはすでに温室効果ガス排出を、二〇二〇年までに一九九〇年比で四〇%削減する計画を独自に立てて実施しつつあった。ドイツが注目されるのは、野心的目標を掲げて政策連携を行い、気候変動政策を含む環境政策を中心に据え、エネルギー政策、産業競争力政策、雇用政策の統合戦略により世界をリードしようとしているからである。

ドイツの気候変動政策とエネルギーと雇用政策

ドイツの気候変動政策とエネルギー政策の特徴は、以下の四つにまとめられる。

第一の特徴として、二〇二〇年温室効果ガス四〇%排出削減、二〇五〇年八〇%排出削減という計画を掲げており、他国に比べて削減幅の大きな目標数値となっていることである。

　この背景には、新興国経済の興隆と世界的な人口増加のもと、石油・石炭資源の価格上昇傾向と不安定供給は不可避であるとの長期的見通しと判断がある。そこで化石燃料にできるだけ依存しない経済構造を目指して、省エネルギーをすすめ、再生可能エネルギーを開発・普及させる産業・技術競争力を向上させようとしている。世界をリードする技術・製品の輸出増大、および化石燃料に依存しないインフラ（熱電併給・風力・太陽光・電力網・断熱建築・公共交通）の再整備により、経済を活性化し雇用を創る戦略である。

　第二の特徴として、EUの政策枠組のなかで政策の体系的進化が見られることである。もともとドイツのエネルギー政策は、石油危機時の戦略に始まり、一九八六年のチェルノブイリ原子力発電所事故後の対応、一九九〇年代の電力供給法、二〇〇〇年の再生可能エネルギー法（二〇〇四年、二〇〇九年改正）、そして二〇〇七年の気候変動・エネルギー統合プログラム、二〇一〇年の「エネルギー大綱」へと、省エネルギーと再生可能エネルギー拡大への政策の進化が見られる。それに応じて環境・エネルギー政策をめぐる省庁の競争と統合のなかで、再生可能エネルギー政策と原子力安全については、環境省に権限が移されたことによって、政策の一貫性が保たれている。いまでは保守党が「緑の政策」を推進するという展開を示している。ドイツの環境・エネルギー政策には今後もそれほど大きな揺らぎがあるとは考えられない。

　第三の特徴として、環境経済政策における以下のようなポリシー・ミックスの効果により、補助金を使った政策を減らし、民間投資を活性化していることである。

(一) 環境税の導入により社会保障減税と交通分野の排出削減がすすんだ。
(二) FIT(固定価格買取制度)の導入により再生可能エネルギー拡大ときめ細かい需給の調整が実施された。例えば消費者が固定価格と市場価格との差を負担することで販売者のリスクを減らし、太陽光発電買取価格の逓減率を大きくすることで太陽光発電への投資バブル発生を抑えた。
(三) 排出量取引が導入され、入札が拡大している。電力分野はEUの電力自由化政策で独占が弱まり、電力事業への参入が促進され、価格低下効果もあるものの、発電からの送電網の分離と整備が進行中である。

第四の特徴として、環境技術の革新(エコ・イノベーション)と普及のための政策を掲げていることである。環境省の『環境経済報告二〇〇九』は、ドイツの優位性、競争力を分析しているが、とくに再生可能エネルギーでは、洋上風力発電と熱電併給に競争力があるとしており、その開発・普及を政策の柱に据えている。ほかにも太陽光パネルの低コスト化を図り、農業などを含む全分野のグリーン化を目指し、「隠れた英雄」として中小企業への支援策を充実させるなどの方向を示している。

ドイツの二〇二〇年四〇%排出削減計画

気候変動・エネルギー統合プログラム(二〇〇七年)は、温室効果ガスを二〇二〇年までに四〇%排出削減する計画で、詳細はつぎのようになっている。一九九〇年の排出量約九億トン(旧東ドイツを含む）から約四〇％減らして五・七億トンにすることとし、そのために二九の施策が提案・実施されつつある。それに伴う排出削減コストは二酸化炭素一トン当たり五〇ユーロ、毎月家計二五ユーロの負担である。

施策の主な柱は八つある。日本では原子力発電依存を減らしながら排出削減目標をどのように達成すべきか議論されているおりでもあり、少し詳しく見ておこう。数字は二〇〇五年からの二酸化炭素排出削減量である。

（一）電力消費の一一％節減　四〇〇〇万トン排出削減

「現代的エネルギー管理システム」「エコデザイン」「エネルギー効率助成プログラム」などの施策で、エネルギー効率の高い機器の利用促進、電機機器でのトップランナー方式の設定、革新的技術への資金提供を行う。

（二）火力発電所の設備更新　三〇〇〇万トン排出削減

「二酸化炭素の少ない発電技術」「電力消費のインテリジェント測定」「汚染の少ない発電技術」などの施策で、石炭火力のエネルギー効率を改善したり天然ガスへ転換させたりする。

（三）電力生産に占める再生可能エネルギーの割合引き上げ　四四〇〇万トン排出削減

再生可能エネルギー法改正によって、電力中の再生可能エネルギーを二倍の三〇％にする。とくに洋上風力発電を拡大する一方、太陽光発電の買取価格の逓減を強化して投資バブルを防ぐ。二〇二〇年の電力構成比は、石炭三二％、天然ガス三〇％、再生可能エネルギー二六％、原子力六%、その他六%となる予定である。

(四) 熱電併給の拡大　一五〇〇万トン排出削減

「熱電供給法改正」「ガス供給網加入令改正」「再生可能エネルギー法改正」(熱電併給に割り増し料金を設定する)などの施策により、熱電併給を二〇二〇年に二〇〇五年の二倍となる二五%(供給電力に占める割合)の比率にする。そのために既存の焼却炉の立て替えをすすめ、電力グリットへの接続補助金を出す。

(五) 熱エネルギー消費の抑制　四一〇〇万トン排出削減

「エネルギー節約令」「二酸化炭素排出量削減建物改修プログラム」などの施策により、建物の改修、近代化をすすめ、効率的な暖房システム提供のための資金支援を行う。

(六) 再生可能エネルギーによる熱供給の拡大　一〇〇〇万トン排出削減

「再生可能エネルギー熱法」などの施策により、バイオマス、地熱、太陽熱の割合を増加させ、二〇〇五年の七%から二〇二〇年には一四%に倍増する。

(七) 交通・輸送分野のエネルギー消費抑制　一五〇〇万トン排出削減

「自動車税法改正」「バイオ燃料割合法改正」などの施策により、車両の技術改良支援、燃料税、自動車税改革(二酸化炭素ベース税)を行う。

(八) 輸送インフラの整備、モーダルシフト　一五〇〇万トン排出削減

「社会的インフラのエネルギー節約的現代化」などの施策により、道路建設より二酸化炭素排

出量の少ない鉄道輸送のインフラ整備拡充を優先させ、排出量の大きな空輸部門への課税強化などを行う。

(C. Erdmenger, H. Lehmann, K. Mueschen, J. Tambke, S. Mayr, K. Kuhnhenn "A climate protection strategy for Germany — 40% reduction of CO_2 emissions by 2020 compared to 1990" *Energy Policy* 37(2009), pp. 158-165)

ドイツの四〇%排出削減計画のなかで、日本にとってとくに参考となるのは、第一に電力消費そのものを排出削減すること、第二に風力・太陽光など再生可能エネルギーの拡大を図ること、第三に熱電併給(コジェネ)・地域暖房などにより熱の利用率を上げることである。さらに、ドイツでは二酸化炭素一トン当たりの排出削減コストと毎月家計負担も明らかにしており、日本でも導入時には同様の情報公開が求められている。

【参考文献】

The Federal Government's energy concept of 2010 and the transformation of the energy system of 2011
http://www.germany.info/contentblob/3043402/Daten/3903429/BMUBMWi_Energy_Concept_DD.pdf

(三)　ドイツ脱原発の「なぜ」と「どのように」(二〇一一年九月七日)

《この論考は、ミランダ・シュラーズ(ベルリン自由大学教授)と吉田文和(北海道大学教授)の共著である。》

「原子力発電所をやめるべきか」「原子力発電なしでやっていけるか」が、活発に議論されている。しかし「なぜ」(理由)と「どのように」は、密接に結びついているが、一応別の問題である。「どのように」がはっきりしないから、止められないという議論は転倒している。まず、「理由」を徹底的に議論すべきであり、それは倫理的価値判断の問題を含む。この点で、福島の事故をきっかけに、ドイツ首相が「安全なエネルギー供給に関する倫理委員会」をつくり、「原子力発電を止めるべきか」について徹底的に議論した経験は、日本にとっても参考になる。そこで、ドイツ脱原発の「なぜ」と「どのように」について、詳しく述べてみたい。

「高度に組織されたハイテク国家日本」(倫理委員会報告書)で起きた福島の事故はドイツに大きな衝撃を与えた。ドイツでは事故後、連日のように、水素爆発の場面がテレビで放映されて、ドイツ環境省と気象庁は、事故の詳細な情報をホームページに掲載し、日本の気象庁が関連情報を出さないなかで、ドイツ気象庁による「福島を起点とした風向予測」に対し、日本から多くのアクセスがあった。

「なぜ」脱原発か？

二〇二二年までにドイツが原子力発電所を全廃するという方針は、福島第一原子力発電所の地震・津波による事故を直接の契機としているが、一九八六年のチェルノブイリ原子力発電所の事故をきっかけとしたドイツにおける放射能汚染がもともとの原因である。一九九八年からの社会民主党と緑の党の連立内閣の時代の二〇〇二年に、二〇二二年までに原子力発電所を廃止するという立法がなされていたので、今回は、それに戻る決定である。

筆者（ミランダ・シュラーズ）も参加した一七名からなる倫理委員会の報告の要点は、以下の通りであった。

- 原子力発電所の安全性は高くても、事故は起こりうる。
- 事故が起きると、ほかのどんなエネルギー源よりも危険である。
- 次の世代に廃棄物処理などを残すのは倫理的問題がある。
- 原子力より安全なエネルギー源がある。
- 地球温暖化問題もあるので化石燃料を使うことは解決策ではない。
- 再生可能エネルギー普及とエネルギー効率性政策で原子力を段階的にゼロにしていくことは将来の経済のためにも大きなチャンスになる。

ここから学んで、日本にとって必要なことは、手段としての原子力利用の評価である。発電という目的に対して、地震の多い日本における、原子力のコストとリスク、事故が起きた場合の被害の大きさ、将来の世代に対する責任などについて、他の代替発電手段との比較評価を行うことである。どの技術を選ぶかは、社会が倫理的価値判断に基づいて決めるべきであるという点である。

「どのように」脱原発か?

つぎにドイツ脱原発の「どのように」について、述べてみたい。ドイツ原子力法改正による新しい原子力エネルギー政策は、二〇二一―二〇二二年までに原子炉を廃止することを決め、旧型八基はすでに停止し、送電網から外された。これ以降、古い順に二〇一五年グラフェンラインフェルト停止、二〇一七年グンドレミンゲン停止、二〇一九年フィリップスブルク停止、二〇二一年グローンデ、グンドレミンゲン、ブロクドルフ停止、二〇二二年にはイザール、エムスラント、ネッカーウエストハイム停止の予定である。

二〇一〇年における原子力発電の一次エネルギーに占める割合は、日本と同じ約一一%であり、また電力の二二%になる。最大の一次エネルギー源は石油の三三%であり、最大の電力源は褐炭の二四%である。脱原発を行いながら、地球温暖化対策を行っていくことがいかに挑戦的課題であるか、理解できるであろう。

原子炉が停止しても、原子炉の安全性研究は依然として重要なテーマである。また、再処理方針

図 2-1　ドイツの原発立地

出所)『科学』83巻10号，2013年，1131頁

をとらないドイツにおいても、使用済み燃料の貯蔵・処分問題は重要であり、安全性研究と新しい技術研究が必要である。

原子力に代わるエネルギー資源として、太陽光(PV)、太陽熱(concentrated solar thermal)、風力、地熱、波力、バイオマス、コジェネ(Cogeneration)、電池、スマート技術があり、研究開発が行われており、日本との共同研究が求められている分野は多い。

ドイツは、京都議定書に基づき温室効果ガスの削減をすすめてきており、原子力発電廃止によっても、京都目標達成の変更はない。

二〇一〇年に決定されたドイツ政府のエネルギー大綱によれば、温室効果ガス削減の柱は、省エネと再生可能エネルギー利用である。電力消費の削減も大きな柱である。

EUの「二〇二〇年までに三つの二〇%」目標というエネルギー政策との関係については、よりすすんだ目標として、四〇%CO_2削減、一次エネルギー比二〇%再生可能エネルギー、二〇%エネルギー効率改善は、ドイツのエネルギー大綱にすべて織り込まれている。

政策と手段の効果は、エネルギー大綱によれば、一二〇の政策と手段を動員して、再生可能エネルギー、貯蔵とグリッド、省エネルギー、建物断熱改善、輸送、在来発電改良、受容性と透明性などを柱にすすめる計画である。

必要な金融措置の規模は、二〇一一年と二〇一二年には各三億ユーロで、二〇一二年以降毎年約三〇億ユーロが必要であり、使用先として、再生可能エネルギー(研究開発＋市場浸透)、省エネルギー(研究開発＋市場浸透)、建物断熱近代化、気候変動対策の国内・国際プロジェクトなどが予定されている。

必要な目標、政策枠組と担い手

ドイツが脱原発の方向に舵を切り、再生可能エネルギー開発導入、省エネルギーに向かうのに、一〇年以上の政策議論を経て、政策目標と政策枠組をつくった。それと並行して、NGO、市民、農民、政治政党、企業家、行政が協力して具体的な再生可能エネルギーと省エネのプロジェクトをつくり、再生可能エネルギーの普及に努めてきた。日本に必要なことは、この政策枠組・目標の策定と担い手の育成であり、時間はかかるが国民的議論を踏まえて政治的決定を行うことが求められる。

新しい社会システムをつくる

EU全体で、一つのグリッド、一つの市場という目標のもと、スマートグリッド、北アフリカを結ぶグリッドがつくられている。これにはコストがかかるけれども、次の世代に必要であり、エネルギーコストは、新興国の需要で上昇傾向にある。

ドイツは、「ドイツのアポロ計画」として、大学も参加し、新しい技術開発、自動車に代わる移動手段の開発など競争力を強めており、これらは新たなチャンスになる。日本も一九七〇年代に公害問題と石油危機を克服する過程で、世界に通用する制度とエネルギーと環境技術を開発してきた経験がある。

危機を転じて新たな機会にできるかは、その国民の力量にかかっている。「賢者は他人の経験から学ぶが、愚者は自分の経験すらも学ばない」といわれないように、日本は福島の事故から教訓を引き出し、ドイツに学び、脱原発に必要な目標、政策枠組、担い手の育成に努めるとともに、再生可能エネルギー開発普及、省エネルギーの一層の促進に向けた協力をすすめていくことが求められている。

【参考文献】

安全なエネルギー供給に関する倫理委員会(吉田文和、ミランダ・シュラーズ訳)『ドイツ脱原発倫理委員会報告——社会共同によるエネルギーシフトの道すじ』大月書店、二〇一三年

(四) 京都議定書を潰すのではなく、改善提案を(二〇一一年一二月三日)

地球温暖化の進行が世界各地であらわれているなかで、温室効果ガスを地球規模で削減する制度を決めた京都議定書がいま、崩壊の危機にある。日本政府は、京都議定書の延長に加わらない方針を正式に決定した。

京都議定書は、制度・参画者の視点から整理・分析すれば、(一)法的削減義務、(二)先進国の削減先行、(三)五カ年一期間、の三つの特徴がある。温室効果ガスの排出削減目標を期限付きで決め、各国別に排出割当を行い、削減義務(二〇〇八年から二〇一二年までに、対一九九〇年比、EUは八%、アメリカは七%、日本は六%削減する)を負わせる一方で、削減目標達成のため、森林吸収源等による温室効果ガスの吸収量を用いることができると規定した。とくに重要な制度は、市場メカニズムを利用した京都メカニズム(JI(共同実施)、CDM(クリーン開発メカニズム)、排出量取引)の採用である。

参画者の参加面では、先進国と旧社会主義国のみに数量化した削減目標を課し、他方で途上国はCDMのもとで先進国から資金や技術の提供を受け、温暖化対策を自発的に行うよう位置づけられている。もっとも先進国の参画者間でも、削減義務量に差異が生じている。EUは域内での共同達成が認められ、ＥＵ各国の削減量に差異化が図られた（ＥＵバブル）。旧社会主義国は一九九〇年の排出量が基準になったために（ソ連崩壊は一九九一年）、余剰排出承認証（ホット・エアー）が生じている。アメリカは気候変動枠組条約にはとどまるものの、京都議定書を離脱した。

いまのままでは、最大のCO_2排出国となった中国とアメリカが削減義務を負わない京都議定書の効果は少ないが、地球温暖化のリスク、原子力のリスク、輸入化石燃料依存のリスク、この三つのリスクを総合的に減らす取組が必要であり、そのために、京都議定書の成果と制度を生かす必要がある。

京都議定書の排出量取引

温暖化対策としての排出量取引に対しては、多くの批判がある。国内で排出削減せずに「金で解決する」、海外からクレジットを買うのは国富の流出、儲かるのはマネーゲームのファンドだけ、日本は欧米の金融資本にはめられた、などの批判である。しかし、京都クレジット自体は、国の目標達成の効率的な手段であり、同時にクレジット市場でリンクした世界規模の環境プロジェクトに資金提供の役割を果たしていることも認識する必要がある。

京都メカニズムの活用と改善

日本で運転中の最新式の石炭火力発電の効率をアメリカ、中国、インドの石炭火力発電所に適用すると、CO_2排出削減効果は約一三億トンとなり、これは日本一国のCO_2排出量に相当する。ドイツなどが評価する日本の石炭火力発電は、高効率な超臨界圧（SC）や超超臨界圧（A-USC）の運転期間が世界で最も長く、豊富な運転実績をもつ。石炭ガス化複合発電（IGCC）でも、日本は先行実績をもち、中国はまだガスタービン発電機を製造できない。そこで日本自ら率先垂範して、原子力への依存を減らし、省エネルギーと再生可能エネルギーを拡大し、CO_2の排出を削減することは、新興国需要により価格上昇と不足気味の化石燃料への依存を減らし、日本のエネルギー安定供給に資することにつながる。さらに省エネルギーと再生可能エネルギー技術に磨きをかけて普及し、世界最大のCO_2排出国となった隣国・中国に対して、エネルギーと環境の分野で様々な官民提携をすすめることは、両国の戦略的互恵関係の柱となる。それは京都議定書のCDMや排出量取引を拡充・改善する方向と一致するはずである。

そのためには、京都議定書を潰すのではなく、改善していく方向が目指されるべきである。京都メカニズムは生かしながら、削減義務を負っていない米中に対しては、京都議定書と別の枠組を用意して、削減方向に向かわせるなど、合意づくりが不可欠である。

温暖化、原子力、輸入化石燃料依存の三つのリスクを総合的に減らすには、京都議定書と京都メカニズムは依然として有効であり、これがなくなれば、温室効果ガスの削減メカニズムがなくなり、省エネへの取組が遅れ、地球規模の温暖化のリスクを高めることになるのである。京都議定書を潰すのではなく、改善する交渉と合意が求められる。

(4)　京都議定書を潰すのではなく，改善提案を

【参考文献】

マイケル・E・マン（藤倉良・桂井太郎訳）『地球温暖化論争——標的にされたホッケースティック曲線』化学同人、二〇一四年

（五）米中そして日本、課題ばかりが残った（二〇一一年一二月一三日）

COP17（二〇一一年）の課題は、すべての主要排出国が入る新たな枠組づくりと、京都議定書の延長問題であった。前者について、二〇一五年までに交渉を終え、同年のCOP21で採択し、二〇二〇年発効を目指すことになった。新体制は、新議定書も視野に入れた「法的拘束力をもつ枠組」とし、新しい作業部会を立ち上げて議論を開始する。

京都議定書の延長問題では、延長期間は五年間か八年間とされ、選択の余地を残した。延長は決定文書のなかに位置づけられており、正式な改正手続きは二〇一二年末のCOP18（カタール）で完了させる。日本は、京都議定書の延長には反対し、数値目標の設定を拒否している。これにより、日本は議定書延長への参加を拒否し、一時的に削減義務の国際体制から離脱することになる。

米中の二大CO_2排出国の動向

京都議定書の現状は、世界一位のCO_2排出国となった中国が削減義務を負わず、第二位のアメリカが京都議定書から離脱するという状況になり、世界のCO_2排出の四割以上を占める排出国になんらの制約がかけられていない。しかし、なぜ中国とアメリカがCO_2の世界二大排出国になっているかを冷静に分析し、その排出削減に向けた方策を考える必要がある。

社会主義市場経済の中国が、グローバル化した世界資本主義の中心となるという逆説が現実となり、いまや「世界の工場」となった中国のCO_2排出は世界一である。製品をつくるときに排出されたCO_2という視点から見ると、中国のCO_2排出の二〇%以上は輸出に起因し、日本の国内排出量約一二億トンに匹敵する。中国からの貿易を通じた日本自体のCO_2の輸入は年間二億トンで、アメリカの七億トンに次ぐ(Steve Davis and Ken Caldeira, Consumption-based accounting of CO_2 emissions, Proceedings of National Academy of Science of the United States of America, March 8, 2010)。

アメリカのエネルギー生産性の停滞

他方で、世界第二位のCO_2排出国であるアメリカについて、第一の指標である総エネルギー生産性を見ると、エネルギー消費の水準を固定したと考えた場合の生産量は一九五〇年代から一九六〇年代にかけて一定しているが、とくに一九七〇年代後半からの上昇が顕著である。これはアメリカのエネルギー効率が過去数十年で改善されてきていることを示しており、おそらく一九七〇年代の石油危機の影響であると考えられる。

しかし第二の指標、産業エネルギー生産性を見ると、同じようなエネルギー効率の上昇は見られない。一つの解釈としては、アメリカの産業構造の変化、すなわち全産業に占める工業の割合が下がり、それらの多くを輸入に代替したというものである。アメリカ経済の平均エネルギー効率は改

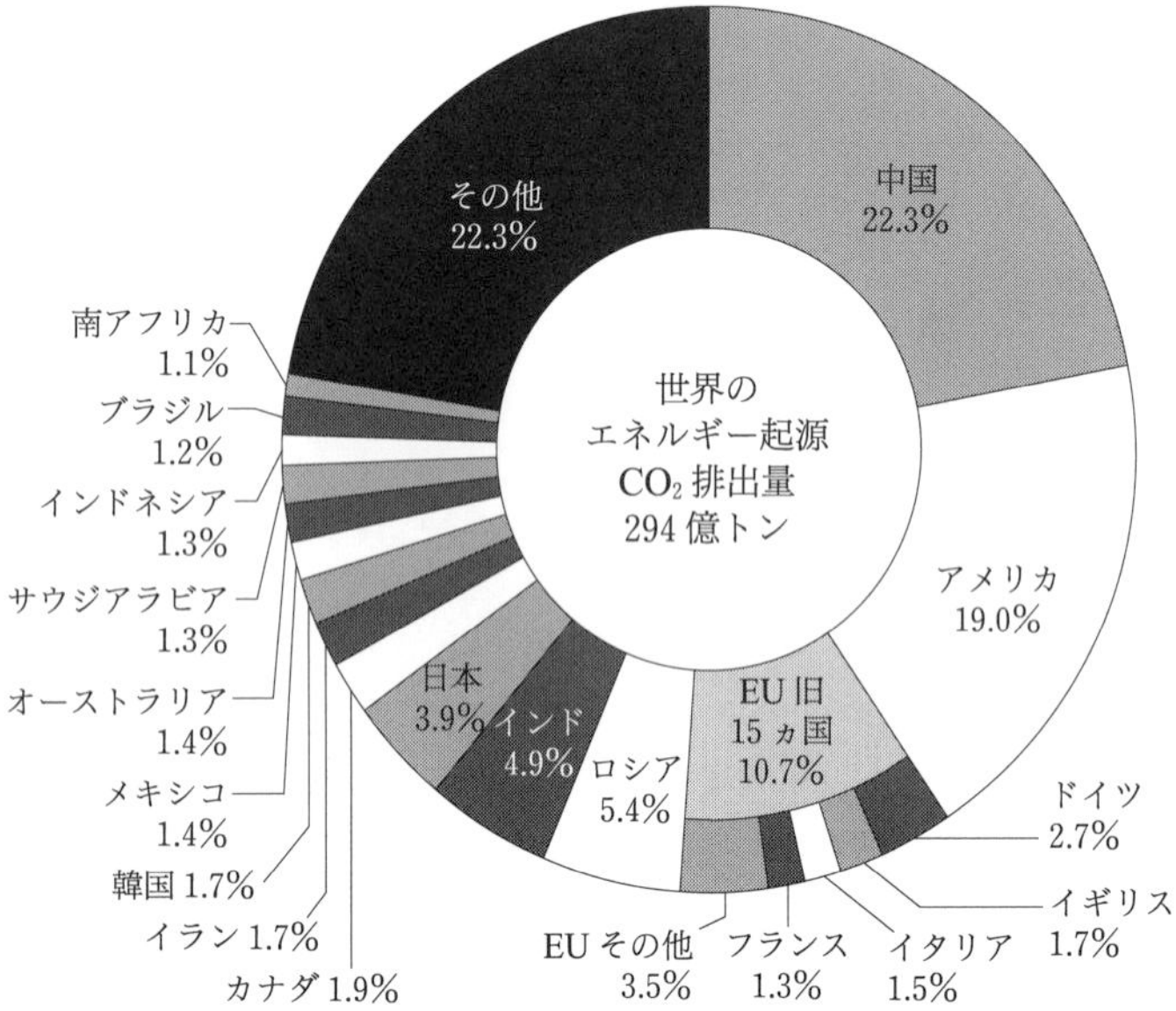

図 2-2　世界のエネルギー起源 CO_2 排出量（2008 年）

出所）環境省資料

善したように見えるが、たんにエネルギー効率の悪い工業分野が中国などの外国に移転した結果、輸入製品の製造に使われたエネルギーがこれらの指標に反映されていないだけにすぎない。

むしろ鍵は、CO_2 排出削減の動機づけを提供する環境規制と、グリーン投資との協働にあり、経済をグリーン開発の方向に誘導することにある。二〇〇九年に議会で審議されたクリーン・エネルギーおよびエネルギー安全保障法案（ACESA）では、低炭素経済を確立し、再生可能エネルギーへの投資を促進する環境規制の枠組が示されたが、共和党の反対が強く、成立しなかった。

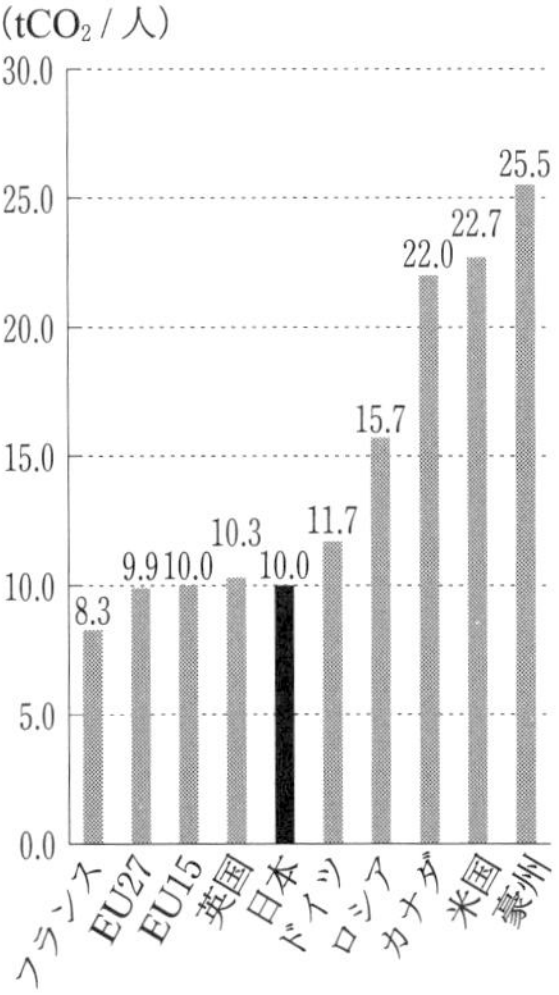

図 2-3　1 人当たり GHG 排出量（2008 年）

出所）環境省資料

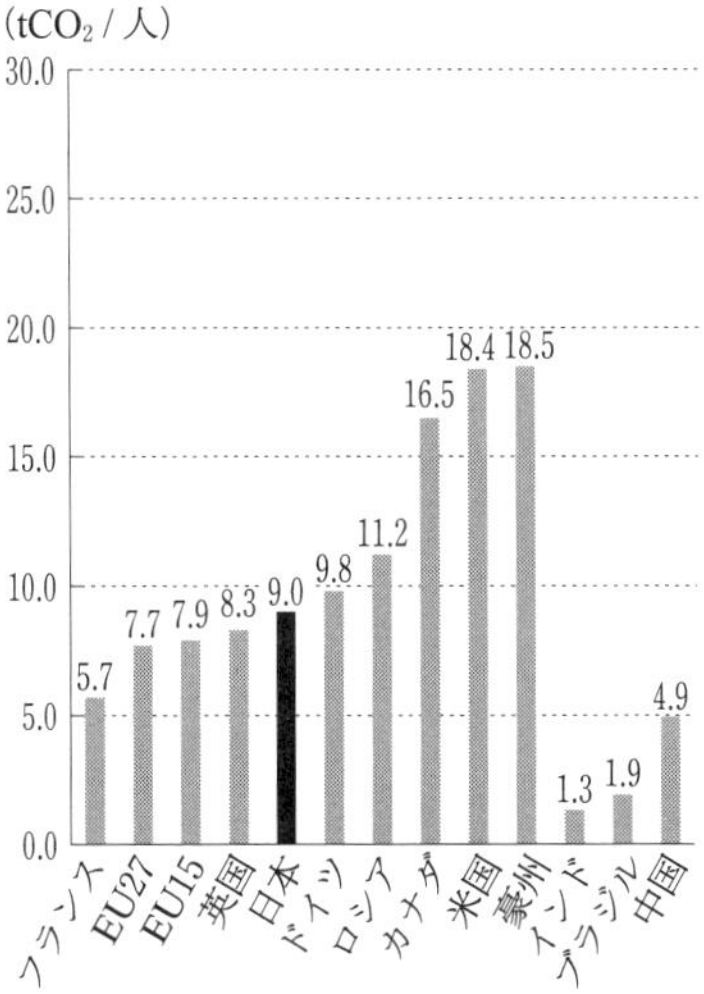

図 2-4　1 人当たりエネルギー起源 CO_2 排出量（2008 年）

出所）環境省資料

このように見ると、問題は、世界の工場としての中国の位置と役割、そして、アメリカや日本、ＥＵが安い中国製品を輸入する構造にある。アメリカ自身も自動車をはじめ石油製品を多用する経済を低炭素経済へ向けて移行しなければならない。

したがって、二〇五〇年に温室効果ガス（ＧＨＧ）の排出を半減するという目標で一致するならば、日本とＥＵの立場は、先進国が必要とされる二〇二〇年までに二五―四〇％の削減という目標を降ろさず、米中などの主要排出国の削減を促し、協力する枠組づくりに努力することである。

これを、一人当たりのCO_2排出という面で見ると、依然としてアメリカや

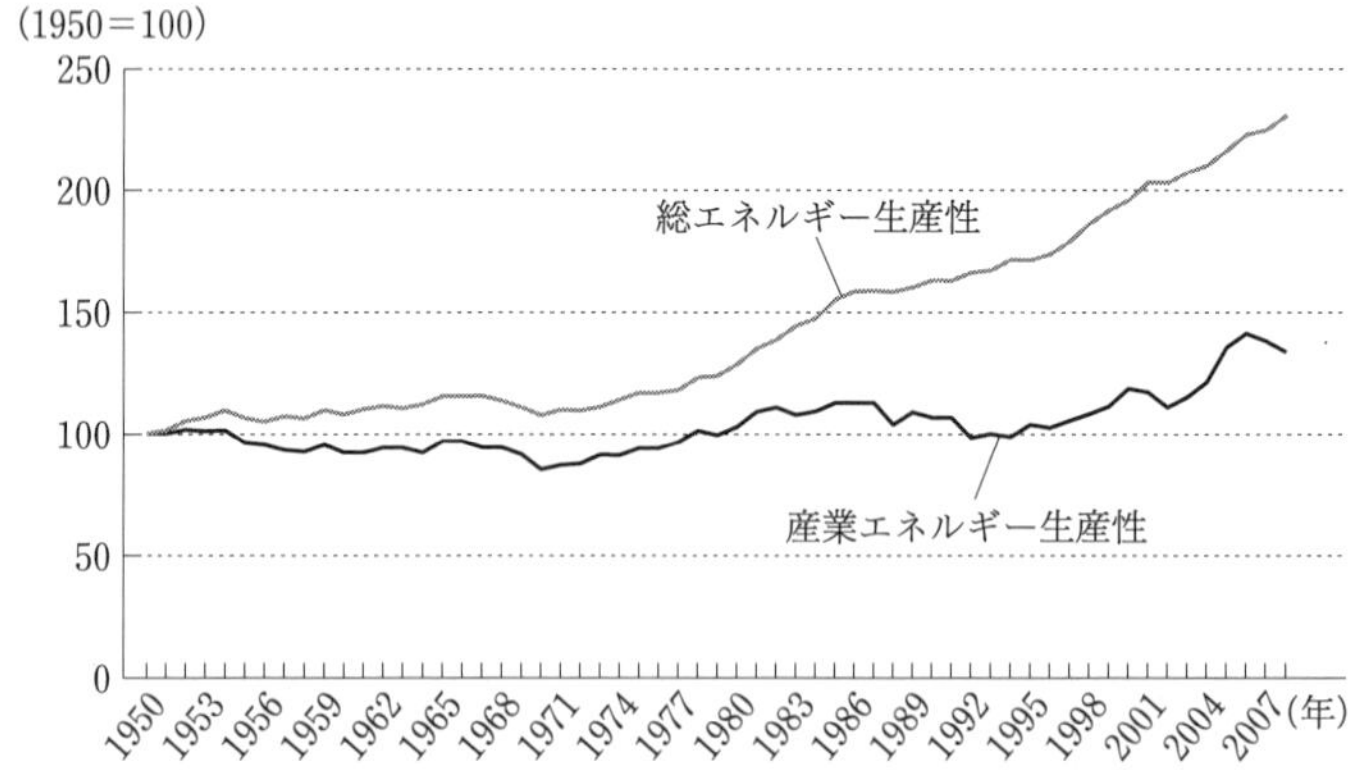

図2-5 アメリカのエネルギー生産性の変化

出所）James Heintz, "Green Development: Rethinking the Economy—Environment Connection, in Toward a Sustainable Low Carbon Society—Green New Deal and Global Change", 2009, pp. 25-32,「グリーン開発，経済と環境の関係を考え直す」北海道大学サステナビリティウィーク2009「世界のグリーン・ニューディール」の基調報告

オーストラリアがトップであるが、日本やEUはその半分であるものの、中国や途上国の二倍以上である。二〇五〇年に温室効果ガス排出を半減するという目標から見ると、一人当たりCO_2排出では平均三トン程度になり、中国はすでにこれを超え、五トン弱になっている。中国はたんなる途上国ではなくなっており、「世界の工場」としての排出国責任が生じているのである。

問われる日本の立場

日本は、すべての主要排出国が入る新たな枠組を主張し、京都議定書の延長に反対し、削減目標を示していない。主要排出国が入る枠組ができないからといって、京都議定書の削減義務を負わず、「京都」から離脱するという立場は大きな課題を残す。九〇年比で二五％削減という目標は一体どうするのか。東日本大震災を理由に降ろすのか。京都議定書は、先進国の削減、法的拘束力、五年の期間を定めると同時に、京都メカニズムを生み出した。CDM（クリーン開発メカニズム）、JI（共同実施）そして、国際的な排出量取引制度である。日本もこれに参加し、利用している。これからは削減義務を負わず、自主的な取組で事足りるとすれば、これまで購入した排出量取引のクレジットも使えなくなる可能性もある。

何よりも、地球温暖化のリスク、原子力のリスク、輸入化石燃料依存のリスク、この三つのリスクを総合的に減らすという視点からの、エネルギーと環境政策の長期的戦略が必要とされているのであり、EU諸国も、金融危機にもかかわらず、こうした視点からの取組を強化している。日本も省エネと温暖化対策の技術を、国内で率先垂範して導入するとともに、世界に普及していく戦略が必要であり、ドイツなどは、京都議定書の義務とは関わりなく、自らの判断と戦略で、省エネと再生可能エネルギーによって、脱原発を実現する方針である。

日本は、大震災を踏まえて、国のエネルギー政策の抜本的な見直しを迫られており、例え短期的な視点で負担を逃れても、世界的な流れからは取り残される可能性が大きい。大局的な判断が求められるのである。

【参考文献】

吉田文和・池田元美編著『持続可能な低炭素社会』北海道大学出版会、二〇〇九年

(六) 脱原発の日独比較(二〇一二年五月二八日)

ドイツの研究者と、こんな議論をしたことがある。日本は福島の事故のあと、一五%程度の節電を達成したし、計画的ではないが、事実上の脱原発状態になった。これに比べて、ドイツは省エネの計画もあり、二〇二二年までの脱原発のスケジュールを決めたが、なかなか計画通りにはすすんでいないという。つまり、脱原発に関しては、戦略性・計画性のドイツに対して、戦略性・計画性のない日本という違いがあるのだが、他方で実際は、「実施の遅れのドイツ」に対して、省エネと事実上の脱原発状態の日本という対比が見られるのである。この対比をどのように理解し、日独のそれぞれの脱原発という課題に対して、示唆するものは何かを考えてみたい。

省エネに関しては、日本は東日本大震災での二万人にも及ぶ犠牲者を前に、国民一人一人の意識が変わり、節電に努め、多少の不便を我慢したということが背景としてまず指摘できる。さらに体系的・戦略的な省エネの深掘をすすめ、産業構造の変革の展望との関わりで、省エネの一層の深化を図る必要がある。

日本は一次エネルギー投入と最終消費エネルギーを比較した場合、約三〇%程度のエネルギーロスがある。第一は、火力発電所の発電ロスであり、石炭火発、LNG火発の複合ガス化発電、コンバイドサイクル発電など、高効率化をすすめることである。また、日本は縦割りのために熱電併給が遅れ、排熱の利用の余地が大きく、とくに北方都市では期待される。第二に、生産プロセスの省エネに関しては、トップランナー方式の採用で、省エネ技術と運用を普及する必要がある。消費過程の省エネと節電も、まだまだ余地がある。日本でしか普及していないウォシュレットトイレや自動販売機だけでも、原発一基分の電力を消費しているといわれる。

これに対して、ドイツは省エネ建築基準がつくられ、新設については実施されているが、既設分については、改築補助金制度があるものの、所有者の負担があるので、なかなか進展していない。ドイツの省エネにかかる大きな課題は、自動車利用による化石燃料消費と二酸化炭素排出問題であり、ドイツの主要産業としての自動車産業の力が大きく、新幹線など鉄道の整備も遅れている。この点では、日本の公共交通網と新幹線整備利用は比較優位にあり、一層すすめられる必要がある。

つぎに脱原発についてはどうか。ドイツは一〇年間での脱原発を決めたが、その理論的な裏づけを行った「安全なエネルギー供給に関する倫理委員会」報告が指摘するように、エネルギー利用に関する技術的経済的な判断の前提に、社会的倫理的判断が優先されるべきであるという立場が重要である。

しかし、日本では福島事故から一年以上たっても、政府や国会の事故調査委員会の報告は出されず、事故の背景・原因・経過そして教訓もいまだ明らかになっていない。にもかかわらず、いままで通り、経済産業省の審議会で、今後のエネルギーの基本方針を決めようとし、根本的問題を回避し、原発の比率をどうすべきか、という議論を延々と続けているのである。まず、決め方を変えなければならないのである。

スイスの原子力安全検査局は、福島事故から半年たって、独自の調査に基づき、三九の「福島の教訓」(ドイツ語)をまとめ、その前半部分で、福島事故の構造的発生原因を厳しく指摘していることは、WEBRONZA二〇一二年五月一六日付(本書第一章(一六)、六六頁参照)で紹介した通りである。そこで指摘されている、電力会社の安全軽視文化、経済的理由で安全が制限された問題、規制の曖昧さと責任の不明確さ、保安院が経済産業省のもとにあるという利益相反、集団主義の危険性(「原子力ムラ」問題)などは放置され、いまだに原子力規制庁はできず、原子力安全委員会の責任者は変わっていない。

にもかかわらず、政府は「即席基準」によって、関西電力大飯原発三号機、四号機の再稼働を目指し、周辺町村や京都府・滋賀県・大阪府市の反対にあっている。「電力不足」を理由に原発再稼働を行おうとする政府に対して、省エネとピークカット、融電、自家発電、などあらゆる手段を使って、原発ゼロでこの夏を乗り切れるかが、いまやこの国の一大争点となっているのである。

これに対して、ドイツの脱原発の進行状況はどうか。ドイツはもともと社会民主党と緑の党の連立政権時代の二〇〇二年に二〇二二年までの脱原発を決めていたこともあり、火力発電所の近代化計画や熱電併給発電、そして再生可能エネルギー利用については、計画的に実施してきた。今回の決定は、それに戻る決定であるが、原発に代わる電源としての再生可能エネルギーの送電網の建設が大きく遅れている。とくに、原発の立地が多い南部ドイツに対して、北部に多い風力発電力を送る送電網を新たに四五〇〇km建設しなければならないにもかかわらず、その建設がほとんどすすんでいないという。送電線の通過地点の反対が強いのである。

また、二〇年近い歴史をもつ、再生可能エネルギーの固定価格買取制度(ＦＩＴ)も、いま大きな転換点にある。とくに、ドイツ国会で審議中の新たな提案では、太陽光電力の買取価格が大幅に下がり(一〇kWまでで一九セント／ｋＷｈ)、電力料金を下回るグリッドパリティになっている。大規模なメガソーラーも買取は今後行わない方針である。ＦＩＴの価格も変動する市場価格制の電力料金に上乗せされるＦＩＰ(Feed in Premium)に移行する方向である。

これに対して、日本は今年(二〇一二年)から本格的なＦＩＴ制度が始まろうとしている。すでに買取価格も決定され、発電事業者側の要望通りの高い価格水準と期間に設定された。電力の約二〇%を再生可能エネルギーで賄っているドイツと、これからの日本とでは、発展段階が異なることを踏まえたうえで、ドイツのＦＩＴの経験と教訓を日本は十分に学ぶ必要がある。

日本の太陽光発電の買取価格が四二円／ｋＷｈ、二〇年という水準は、ドイツの二倍以上であり、とくにメガソーラーについては、安価な中国製のパネルを使えば、有利な投資対象となるので、この分野への参入が相次いでいる。しかし、国内メーカーへの市場創出、救済効果は期待されるほど大きくない。ドイツでは、国内のメーカーへの過剰投資と赤字が相次ぎ、太陽光関連産業育成の方針の誤算が明らかになっている。

以上のように、「脱原発」「再生可能エネルギー」については、日独の置かれた条件や歴史的経過を踏まえて、相互に学びあうことが大切になっているのである。日本はとくにドイツからその社会的倫理的意思決定、戦略性、計画性を学ぶ必要がある一方、ドイツは日本の実行力に注目してほしい。

【参考文献】
ヨアヒム・ラートカウ（海老根剛・森田直子訳）『ドイツ反原発運動小史——原子力産業・核エネルギー・公共性』みすず書房、二〇一二年

(七)　脱原発の日独比較(続)(二〇一二年九月六日)

日本のエネルギーをどう賄うのか、原子力なしでもやっていけるのか？　国内の議論が混迷を深めるなかで、アメリカのナイ・アーミテージ報告は、日本が一流国であり続けるには原発を再稼働すべきだという。寺島実郎氏も日本の原発と日米安保の枠組の重要性を指摘している(「戦後日本と原子力」『世界』二〇一二年六月号)。ここにきて、日本の原子力利用と日米関係の枠組の重要性が改めて浮き彫りにされている。

福島の事故を受けて、最終的に脱原発を決めたドイツに対して、脱原発を決めかねている日本。何がこの違いの背景にあるのか。日独はともに第二次世界大戦の敗戦国であり、アメリカとの同盟関係のもとで、戦後の経済成長期に原子力を導入してきたところは同じである。そこで改めて、日独の戦後の政治的枠組条件と、それが脱原発に与える影響について検討したい。

第一に、いうまでもなく、日本は敗戦後、事実上、アメリカに単独占領されたのに対して、ドイツは連合国の共同管理のもとで東西分割された。西ドイツは、東西対抗の最前線となった。

第二に、日本はアメリカの間接統治下に置かれ、新憲法のもとで「民主化」されたが、西ドイツはナチスドイツへの反省から、徹底した地方分権、連邦国家に再編され、参議院は各州代表制となり、連邦議会は五%条項のもとで小選挙区比例代表併用制をとることになった。連立内閣がかなりの期間続き、交渉と議論の経験が積み重ねられた。

第三に、日独はともにアメリカからの技術導入をもとに原子力開発をすすめてきた。日本は「資源のない日本」のイデオロギーのもと、ハイテク技術としての原子力の開発をすすめたが、日本の条件にあった独自の技術は生み出せなかった。ドイツはこれに対して、ドイツ独自の原子力技術を開発する一方で、東西冷戦のために国内に核兵器が実戦配備され、反核の運動・感情が反原発・脱原発の運動に結びついた。

第四に、社会経済的側面について見ると、日独はともに経済成長期を経て少子高齢化社会を迎えているが、ドイツは持続可能性や「生活の質」についての国民的関心が高いのに対して、日本はそれがまだまだ弱い。

ドイツの脱原発決定(二〇一一年六月)から一年以上たって、地域レベルでの再生可能エネルギーと省エネへの取組が積極的に行われている。エネルギー共同組合が二〇一一年だけで全ドイツで一七〇も結成されて、太陽光、風力、バイオマスの地域暖房への融資が行われているのを見ても、地域分権によるエネルギー自給への取組が根づいてきている。

これに対して、日本は地方の補助金依存から抜け切れず、原発の立地も電源三法交付金の制度によって原発立地を促進してきたが、過疎化の傾向を押しとどめることはできなかった。中央からの補助金で立派な道路、トンネル、公共施設はできても、そこに住む人々の生活は貧弱で、廃屋、廃校、廃線の跡が続く景色を、北海道内四〇〇〇㎞を走って実感した。膨大な財政赤字を生み出した「土建国家」の結末である。いまこそ、再生可能エネルギー、健康、教育などに投資の流れを変えるべき時である。

以上、枠組条件としては、アメリカへの政治的依存の問題と、国内の地方分権制度の問題が日独の原子力への対応、脱原発への違いを生み出す背景要因として作用しているように見える。

もう一つの大きな要因は経済界の見通しの問題である。ドイツも四大電力会社の支配力は依然として強く、既得権益の力は残っている。しかしそれでも、政治と国民的意思を尊重せざるをえない状況である。ドイツが脱原発を最終的に決定した理由は、原発事故のリスクの大きさと、原発以外に安全なエネルギー供給方法があり、脱原発によって省エネ、再生可能エネルギー拡大をすすめることがドイツ経済にとっても、その地位と力を強めることになると判断したからである。

日本の経済界に原発継続の現状維持派が多いのは、ドイツのような展望をもてていないことが一番大きな要因であると考えられる。原発の停止によって火力発電設備の増設が相次いでいるなかで、国内市場はこれまで三大メーカーの東芝、三菱、日立が独占してきたが、ここへきてアメリカのゼネラル・エレクトリック社(GE)とドイツのシーメンスがガスタービン技術の優位性を武器に参入を試みている。両者は原発に見切りをつけ、新たなエネルギー技術開発を展望しているのである。

しかし、日本はドイツと比べて弱点ばかりではなく、それなりの優位性をもった部門や特質がある。じっさい、ドイツは脱原発とはいっても電力の十数%台はまだ原発で賄っており、日本のように節電一〇％というところまではいっていない。日本は鉄道網や新幹線の技術と運用実績はドイツと比べても優位性がある。ドイツは独自の新幹線がなく、鉄道はよく遅れ、自動車会社の力がはるかに強く、アウトバーンの一部に制限速度はない。また日本は、細かいところからの積み上げが得意であり、品質管理、日本的集団主義が強みを発揮できる余地は、省エネなどで残されている。

日本は、キャッチアップが得意であり、目標と枠組が決まれば、比較的短期間に追いつく経験をもっている。してみれば、問題は日本の今後の世界戦略にあり、このままずるずると後退を続けるのではなく、ここで体制を立て直し、戦略を練り直すことが必要なのである。原子力に囚われることなく、今後の成長分野と日本の得意な分野に注力することである。省エネと再生可能エネルギーでは、技術はあるが、国内市場が狭く、それを育てることが十分でなかった。「制約なくして革新なし」を心に刻むべき時である。

【参考文献】

坪郷實『脱原発とエネルギー政策の転換――ドイツの事例から』明石書店、二〇一三年

（八）　京都議定書の一五年と今後の展望（二〇一二年一二月五日）

ＣＯＰ18（国連気候変動枠組条約・締約国会議）がカタールのドーハで始まり、地球温暖化対策の新たな枠組づくりが検討されている。今年二〇一二年は、京都議定書の第一約束期間が終わり、二〇一三年度から第二約束期間が開始される。そこで、一九九七年に締結された京都議定書とその歴史的役割を振り返り、今後の見通しを述べておきたい。

まず京都議定書は、温室効果ガスの削減のために、

（一）　法的削減義務（一九九〇年比、ＥＵ八％、アメリカ七％、日本六％削減）

（二）　先進国の削減先行

（三）　五カ年一期間

の三つの特徴をもつ。また削減目標達成のために、森林吸収などによる温室効果ガスの吸収量を用いることができ、市場メカニズム（排出量取引、ＣＤＭ（クリーン開発メカニズム）、ＪＩ（共同実施））を認めた。

しかし、アメリカのブッシュ政権が途中で離脱し、二〇一三年からの第二約束期間にも参加せず、日本とロシアは新たな排出削減目標をとらないことになった（ダーバンＣＯＰ17）。

したがって、削減義務を負う国（EU各国、スイス、ノルウェーなど）のCO_2排出量は世界全体の一三%程度になってしまったので、京都議定書は、その歴史的役割を終えたという評価も行われている。

そこで、主要国別にこの間の温暖化対策と京都議定書の役割を見ておきたい。まず京都議定書締結の推進側であるEUは、低炭素未来への目標として、二〇二〇年までの三つの二〇%目標を掲げてきた（20–20–20 by 2020）。すなわち、二〇%のCO_2排出削減（一九九〇年比）、二〇%のエネルギー効率の改善、総エネルギーの二〇%を自然エネルギーで賄う、という目標である。そのうえで、二〇一一年三月のEU理事会のエネルギー大臣決定では、二〇五〇年までに温室効果ガスの排出量を八〇―九五%削減するという目標を決めている。

とくに、ドイツは、二〇二〇年までにCO_2排出量を四〇%削減し、二〇五〇年までにCO_2排出量を八〇―九五%削減するとし、さらに二〇二二年までの脱原発を決めたことは周知の通りである。

省エネと再生可能エネルギーの利用拡大が自国の経済力を強め、世界のリーダーになるという判断がある。二〇二二年までの脱原発を政治的に決定したので、最大の課題は、CO_2削減と脱原発の同時達成である。CO_2削減のうえで、建物の断熱と交通機関からのCO_2削減が目下の政策課題である。また、排出量取引のEUETSも依然として重要な制度枠組である。

これに対して、京都議定書の枠組の外に出たアメリカは、削減義務を負わないものの、各州政府には排出量取引制度があり、また成果は大きくないものの、オバマ大領領の「グリーン・ニューディール」と「クリーン・エネルギー」政策が打ち出されてきた。

他方、世界最大のCO_2排出国となった中国も、省エネと再生可能エネルギーの拡大を産業政策の大きな柱としてきた。その結果、中国は風力発電導入量で世界一の二六%を占めるに至った。日本は世界の一%にすぎない。

また中国の炭素の排出強度は、一九七八年は一一kg標準石炭/元であったが、一九九八年に一kg標準石炭/元、二〇〇九年にはさらに〇・六kg標準石炭/元までに減少したのである。つまり、一元の生産額のために使う標準石炭が、三〇年間で二〇分の一に減ったのである。効率の悪い小型の旧設備の強制廃棄政策を実施し、設備と産業の近代化に努めてきたことを評価する必要がある。

中国は京都議定書の義務を負っていないが、もはや石炭輸入国となり、省エネが最大の課題となっており、中国政府はそのことを十分に認識しているのである。

このことから、二〇一一年のCOP17(ダーバン)で「ダーバン・プラットフォーム」に合意した意義は大きいのである。ダーバン・プラットフォームは、アメリカと中国を含む、すべての主要排出国が参加する新たな法的枠組を二〇二〇年から開始するため、二〇一五年までに採択することを定めたロードマップである。

最後に、日本の役割である。日本は、第一約束期間で六%の削減目標を約束し、かつ「二〇二〇年に温室効果ガスの排出を九〇年比で二五%削減する」という国際公約も行ったが、後者の実現が困難であると予測されている。

日本の温暖化対策の最大の問題点は、その柱を原子力の拡大に置いてきたことであり、福島の事故の前には、二〇三〇年に発電における原発の比率を五〇%にするエネルギー基本計画を民主党内閣も認めていたのである。それが福島の事故で破綻し、「原発ゼロ」によりCO$_2$の増加を招くという事態となっているのである。

やはり、温暖化対策の基本である、省エネと再生可能エネルギーの抜本的拡大のための政策体系と世界的な枠組と協力体制が不可欠であり、そのためのプラットフォームづくりと具体化がCOP18とその後の課題である。

気候変動枠組条約において、京都議定書の果たした歴史的役割は大きく、排出量取引、CDM、JIなどの政策手段は重要な手段として、今後も引き継がれていくであろうが、新たな世界情勢に見合った、枠組構築が必要になっているのは間違いない。

【参考文献】

植田和弘『緑のエネルギー原論』岩波書店、二〇一三年

(九) 脱原発の理論化を。総選挙結果で考える(二〇一二年一二月一九日)

総選挙は自民党の圧勝で終わり、脱原発を争点としようとした民主党は壊滅的に敗北し、日本未来の党も大敗した。国民の七割以上が原発ゼロを望みながら、選挙結果でそれを示せなかったのは、選挙制度と国民の政治意識の問題があるだろう。

脱原発には時間がかかり、脱原発を望むならば、相当の理論武装と、脱原発の体系的政策を準備しなければならないことが示されたのである。脱原発で先行するドイツの経験を見ても、それなりの時間をかけた論争があり、議論も深まりが必要であった。

とくにドイツ政府は、福島の事故を受けて、最終的に脱原発を決めたプロセスで、倫理委員会(一七名)を立ち上げ、二カ月間で脱原発の根拠づけと方向性を示した点は、特別に注目に値する。なぜ、「エネルギー問題と倫理」が関係するのか、と疑問をもたれる人も多いと思われるが、それは逆に、日本における議論の浅さを示すことにもなっているのである。

倫理問題としてエネルギーや原子力の問題を議論するという方向性は、ドイツにおけるキリスト教の役割に関わっている。そこで、ここで紹介しようと考えたのは、先の倫理委員会のメンバーであり、カトリック教会の立場から、脱原発を裏づけた理論家である、ラインハルト・マルクスの議論である。彼は、ドイツ、ミュンヘン・フランジンク地区の枢機卿であり、二〇一二年からカトリック教会欧州連合司教協議会会長を務めている。彼は二〇〇八年に『資本論』を著しベストセラーになった、教会きっての理論家である。その中でカール・マルクスへの手紙を書き、社会主義への批判とともに、金融危機、格差と貧困など資本主義のもたらす諸問題を批判的に分析している。

ラインハルト・マルクス「エネルギー――正義の問題」は、全国紙『フランクフルター・アルゲマイネ』二〇一一年五月二六日付に掲載された。その要旨は、脱原発はまだエネルギー大転換ではなく、本当の進歩は、すべてのかたちのエネルギー生産のリスクを最小化することにあり、さらに必要なのは、気候保護、供給の安定性、競争力、などの「良きこと」のバランスを世界的な規模でとることだ、としている。

論文では、ドイツの教会が原子力に批判的な立場をとってきた経過を振り返り、同世代内と世代間の正義という視点から、エネルギーをめぐる正義の問題を論じ、その視点から脱原発を理論化している。五月三〇日に公表された倫理委員会の報告を先取りした内容になっている。その重要部分を紹介しよう。

「ドイツにおける将来のエネルギー供給をめぐる議論は、狭すぎます。なぜなら、原子力災害への恐怖からもともと出発しているからです。このような反応は、福島とチェルノブイリの災禍があり、核廃棄物の貯蔵という未解決の問題があることを考えれば、理解できることです。同じことが、原子力発電をできる限り早く終わらせるという正しい要請にも当てはまります。しかし、残念なことに、この議論では、いわゆるエネルギー大転換と、リスクのある最終的に責任の負えないかたちのエネルギーから目をそらすこととは、両立しえないという点が、無視されています」

「気候保全はエネルギーへの公正なアクセスの問題と密接な関係があります。気候変動の脅威は、世界中の人類にますます影響を与え、とくに途上国に影響します。エネルギーを多く使い、温室効果ガスを多く排出している人々が、その行為の結果を負わなければならない人々と同一でないのは、基本的な問題です。二一世紀において、エネルギー利用のエコロジー的結果のコストを、原因者負担に従って配分するという課題が、世界的にも正義にかなうのです」

「現在と将来のエネルギー生産のすべての形態は、世代間とグローバルな正義という基準に基づかなければなりません。このことが求められるのは、引き続く世代が、一種の共同参加の権利があるということだからです。神がつくられた地球は、将来の「住家」として、神とすべての被造物にとって保存されなければならないのです。将来の世代に比較的に繁栄の機会を残すためには、枯渇性資源の消費はできるだけ再生可能なエネルギーのかたちで、バランスをとるべきです」

「エネルギー政策のすべての決定は、一つのトライアングルにあります。すなわち、(一)気候と環境、(二)安定供給、(三)相互利益と競争力、です。これら三つの目標間には、一定の緊張関係があります。社会的、経済的、エコロジー的側面の重み付けに従って、優先順位が異なってきます。とくに目標間でバランスをとり、整合性をとることが政策の課題です」

「二〇〇六年のドイツ司教会議のテキスト「気候変動——グローバル、世代間、エコロジー的正義の焦点」でも、原子力の倫理的評価を行い、エネルギーのこの形態は、永続的な責任ある解決ではないとしました。大きな災害やテロ攻撃が無視できないことについて、司教会議は五年前(二〇〇六年)に、原子力エネルギーをもはや擁護できないと考えていたのです。この立場は何も変わっていません。したがって、再生可能エネルギー時代への道をできる限り早め、原子力発電をなくすペースと対応させなければなりません。原子力エネルギーの利用とは別に、核廃棄物の処理も、緊急に求められています。核廃棄物の発生量は、安全に、社会的環境的に確認しながら分離しなければなりません」

「倫理的な議論において、考慮しなければならないのは、脱原発の帰結です。必要なのは、「どれほどかかってもすぐに」ではなく、できる限り二次的作用を減らしていく政策をとることです。たしかにドイツにおいては、エネルギー供給の再建は、長い間行われてきました。しかし、最近までは、エネルギー生産の新しい方向にあまりにも多く注がれてきました。インフラ計画は脱原発以上のことが求められています。脱原発は、したがって送電線、貯蔵技術への投資、研究開発、を前提とします」

「第一に、エネルギー消費が節約されねばなりません。エネルギー消費の経済的利用は、消費者の新しい自覚と責任を求め、生活スタイルの変更も求めます。第二に、エネルギーの伝統的形態がより効率的に使用されることです。この効率向上は、例えば、熱の節約、交通移動の革新による節約によって行われますが、同時にエネルギーを使う面(技術)もあります。第三に、再生可能エネルギーへの転換が必要です。この開発のペースメーカーは、研究機関のほかに、とくにエネルギーを生産する企業とエネルギーを多消費する企業です。とくに、エネルギー大転換に不可欠なのは、促進可能の技術と、それに対応したインフラの開発です。これら三つの道は、政策、経済、科学によってのみ行われるのではありません。エネルギー大転換は、各個人にまで分解されて、その生活スタイルを変えるものです。このように、エネルギー大転換は、もとに戻るのではなくて、進歩の新しい整合性のある考え方によって進むことです」

以上の論点は、倫理委員会の最終報告書に取り入れられ、脱原発の理論化に寄与している。ラインハルト・マルクスが展開している議論は、キリスト教の教義と結びつけられている部分もあるが、大部分は、「持続可能性」「責任」「世代内と世代間の正義」「受益と被害」という環境問題を論じる基本的な概念を駆使して論じており、とくに違和感はないはずである。視野の広さと、諸課題を、バランスをとりながら解決していく視点は、是非学びたいものである。

【参考文献】

Reinhard Kardinal Marx, Energie—Eine Frage der Gerechtigkeit http://www.erzbistum-muenchen.de/media/media16039020.PDF

Reinhard Marx, Das Kapital: Ein Plaedoyer fuer den Menschen, Pattloch Verlag Gmbh＋Co (2008/11)

（一〇）なぜドイツで脱原発がすすみ、日本ではすすまないのか？ 脱原発の日独比較（二〇一三年一月九日）

なぜ、ドイツで脱原発がすすみ、日本は福島の事故が起きても脱原発にすすまないのか？ 日本の世論調査で七割が「ゼロ原発」を支持したのに対して、選挙結果ではそうならない現実がある。日独を比較した場合、ドイツは九基がまだ稼働しているものの、脱原発の理念と目標は明確であり、「安全なエネルギーの供給に関する倫理委員会報告」（二〇一一年五月）に見られる深い議論と、脱原発に果たしたキリスト教会指導者の役割も大きなものがある。脱原発の最大の理由は、事故が起きた場合のリスクが大きすぎること、原発以外の安全なエネルギー源があること、脱原発の方向で、再生可能エネルギーと省エネへすすむことがドイツ経済の競争力を強めるという判断である。二〇二二年に「原発ゼロ」を目指した計画に関する、政府のモニタリング報告とそれに対する専門家委員会のコメントも二〇一二年末に公表され、透明性を確保した議論を続けている。

他方で日本は、福島事故に関する政府と国会の調査報告が出されたにもかかわらず、政治的総括ができず、エネルギー基本計画は先延ばしされ、自民党・公明党連立政権復活で原発再稼働の動きとさらに新規増設まで新首相、経済産業大臣が言及している。「脱原発」と「卒原発」は言葉遊びとする首相発言に見られるように、「原発ゼロ」ではなく、「反省ゼロ」ですか、と批判されるゆえんである。現実には国内四八基中二基しか原発は稼働していないが、脱原発側も倫理面と論理的裏づけ、代替エネルギー政策提起が不足している。

これまで私は、脱原発の日独比較について、このWEBRONZAで二度ほど議論したことがあり、今回、比較研究の方法論として、「日独比較、原子力開発から脱原発へ」について、改めて提起したい。

まず日独は、その近代化プロセスと戦後プロセスの類似性と差異性がある。東のプロイセンと呼ばれたように、日本は明治維新以降の近代化プロセスにおいて、ドイツから多くの制度と技術を導入した。そして、同じく第二次世界大戦に向かってすすみ、敗戦という大きな歴史的体験を経た。

しかし、日独の戦後体制の違いも大きく、日本はアメリカの単独間接占領に対して、ドイツは東西分割され、また戦後改革において、ドイツで地方分権改革が行われ連邦国家に再編されたのに対して、日本は中央集権体制の温存が図られた。これらの制度枠組の違いを踏まえて、戦後の原子力開発に関する制度・参画者分析について、政治学の方法を使って簡単な分析を試みたい。

アクター(参画者)面では、ドイツでは「緑の党」が結成され、主流の政党CDU(ドイツキリスト教民主同盟)、SPD(社会民主党)への影響も大きかった。これに対して、日本では学生運動が社会改革につながらず、環境政党も結成されなかった。反核の運動体に関しては、東西ドイツが核戦争の最前線になる恐れから、反核兵器運動と反原発運動の共同があったのに対して、日本には反原発の強力な全国組織はなく、原水禁運動の分裂のなかで、反核兵器運動と反原発運動の連合が形成されることはなかった。

発電会社と原子力については、ドイツは電力会社の判断が大きかったが、日本は「国策民営」推進体制で、政府と電力会社のもたれあいと責任の不明確があり、丸山眞男の指摘する「無責任体制」の問題が依然として残っている。

原発推進体制について、ドイツは、地方分権制度によって各州の許認可権限が強いのに対して、日本は国の計画と許認可権限が大きく、さらに電源三法で地域開発(田中角栄型)、公共事業としての原発開発立地が推進された。

原子力をめぐるイデオロギーとしては、「ハイテクとしての原子力」はドイツも大きく違わず、日本では「夢の原子力」と「鉄腕アトム」のイデオロギーが効果を発揮した。

原子力開発の歴史的分岐点を見ると、ドイツはチェルノブイリで直接に国内被害を受け、SPDと緑の党連立で脱原発へすすんだが、日本は外国の重大事故から教訓を学ばず、過酷事故対策を怠った。

日本は福島の事故を反省の鏡としなければならない。ヒロシマとナガサキの二発の原爆でやっと戦争が終結したのと同じく、フクシマと第二の大事故がなければ、原発を段階的にも止められないとすれば、それは日本の悲劇である。

原子力に関する規制制度では、日本はこれまで電力会社のいいなりであり、それが活断層問題にもあらわれており、電力会社に規制側が取り込まれた。福島事故を踏まえた規制改革の方向性と内容が試されている。

原子力と経済団体の関係については、ドイツが再生可能エネルギーと省エネに経済的チャンスを見るのに対して、日本は個々の技術要素をもつものの、原発への投資額と既得権益が多く、脱原発に新方向を見出せず、新政権はイノベーションを強調せず、東芝社長(原子力専門家)が経済財政諮問会議民間議員となった。中国と韓国は原子力を続けるものの、他方で風力発電にも力を注ぎ、いまや中国は世界一の風力発電設備をもつ(二六%)現実を直視すべきである。

しかし、日本社会の可能性は、省エネ、ハイテク、地域での協力、現実の先行などにある。日本社会の変化の原因は、「外圧」(開国と明治維新、敗戦)と「人柱」(戦争や公害)の二つといわれてきた。日本の脱原発には、国際社会の圧力と協力、そして原発災害の現実を知らせ、告発する持続的な取組が必要である。

日独共通の課題は、福島の現実から逃げず、下からの再生可能エネルギーと省エネ、持続可能社会構築、少子高齢化社会への対応であり、いま必要なのは、「希望」と「責任」である。

国債増発による従来型の公共事業で景気回復を図ろうとしても、土建業と証券市場が多少潤うものの、雇用や経済効果は限定され、将来へのつけ回しは一層増える。このことは、すでにこれまでに行われてきた政策とその結果で証明済である。

そこで投資のあり方を変えて、真の意味でのイノベーションをおしすすめ、再生可能エネルギーと省エネ、そして送電網などインフラ整備への官民挙げての投資と制度づくりを行い、足元から再生可能エネルギーと省エネを通じた地域おこしと持続可能な社会づくりの基礎を行うことが、意味ある将来への支出となる。この点で、今回公表されたドイツ政府の第一回モニタリング報告と専門家委員会のコメントは、日本にとっても今後のエネルギー関係投資と政策づくりに大変参考になるものである。これについては、回を改めて引き続き詳細を紹介したい。

【参考文献】

ミランダ・A・シュラーズ『ドイツは脱原発を選んだ』岩波ブックレット、二〇一一年

(一一) ドイツ脱原発の進展状況(二〇一三年一月二二日)

日本の福島事故からやがて二年が経とうとしている。この事故を最終的な契機として、二〇二二年までの脱原発を決定したドイツは、福島の事故後、二カ月を経て作成された政府の「安全なエネルギー供給に関する倫理委員会」報告(二〇一一年五月末)において、政府が脱原発の進展状況をモニタリングして報告するように提案した。

今回二〇一二年末に、その第一回(中間)報告書と、四名の専門家委員会のコメントが公表された。ドイツのエネルギー転換については、電力代金の値上がりと太陽光パネル製造会社の倒産などが報道され、その進展状況について、当事者がどのように評価しているかが注目されていた。ドイツ経済技術省とドイツ環境省の連名で公表された「第一回モニタリング報告、未来のエネルギー」は、全体で一二章構成である。序章、エネルギー大転換とエネルギー政策のトライアングル、エネルギー大転換の量的目標と指標、エネルギー供給の発展、エネルギー効率性、再生可能エネルギー、発電所、送電網の現状と新設、建物と交通、温室効果ガス排出、エネルギー価格とエネルギーコスト、エネルギー大転換の経済全体への影響、からなっている。ここでは、そのなかで注目される、「再生可能エネルギー」と「エネルギー価格とエネルギーコスト」を扱った章を中心に紹介したい。

まず、再生可能エネルギーの拡大は、計画通りすすんでおり、一次エネルギー比率で一二％(二〇一一年)、対電力比率は二〇％で、二〇二二年にはこれが二五％になる。化石燃料価格の値上がり傾向のなかで、メリット・オーダー効果(後述)により卸電力価格も低下した。再生可能エネルギー賦課金は、家庭用で三・五三セント／kWh(二〇一一年)、三・五九セント／kWh(二〇一二年)、五・二七七セント／kWh(二〇一三年)で、約二五セント／kWhの電力代金に対して一四—二〇％を占める。太陽光パネルについては、賦課金改定で、買取上限が全体で五二GWに定められた。再生可能エネルギーのシェアは、一次エネルギー比率で二〇二〇年一八％の目標達成の見通しである。再生可能エネルギー利用分野は、電力四一％、熱四八％、燃料一一％であり、風力、太陽光、バイオマスが増加した。電力分野の再生可能エネルギーは、二〇二〇年三五％の目標に対して、二〇一一年は二〇・三％であり、九〇年の三％からの大きな伸びであるものの、このままでは二〇二〇年三五％目標の達成は不可能であるという。二〇一一年の電力中の比率で風力は八％、バイオマスは六％、太陽光は三％、であり、風力の条件がよく、既設風力発電機の大型化がすすんだ。二〇一二年に入り、太陽光パネルの建設がすすみ、電力中の再生可能エネルギー比二五％達成の見通しである。再生可能エネルギー賦課金については、太陽光パネルの急増により支払額は二〇一〇年の一三二億ユーロから二〇一一年には一六七億ユーロに増加した。賦課金は太陽光が五六％を占め、風力は一四％にすぎない。エネルギー多消費産業六〇三社と鉄道は、賦課金支払から免除されており、電力消費の二七％が賦課金から除外されていることになり、これについては、さらに調査が必要である。自家発電も増加しているが、これも賦課金支払から除外されている。再生可能エネルギーのメリット・オーダー効果とは、電力市場が自由化されているために、限界発電コストの安いところから電力を購入するので、在来電力の需要を減らし、価格が〇・三―〇・一セント／kWh低下しているというが、これについて、専門家委員会のコメントでは、モデルに基づく計算なので、確認できないとされている。電力部門で二〇二〇年再生可能エネルギー三五％目標達成には、再生可能エネルギーのコストが増加し、賦課金の調整が必要である。風力などを中心に直接市場から購入する市場プレミアム価格制度が導入されており、賦課金の中心は太陽光であるので、その調整を行い、買取価格の低減と買取上限五二GWの設定も行った。賦課金の免除規定の見直しも必要であるという。

続いて、エネルギー価格とコストについては、二〇一一年に燃料原料価格が歴史的高水準になった。再生可能エネルギーの賦課金の影響は見られないが、ボーダー(低所得)消費者にとっての負担の問題と、産業競争力と供給確保の問題が生じているという。電力価格は多くの要因の結果であり、家庭用電力価格の二五・二三セント／kWhは、賦課金とインフレ分を入れると高くはないという。それでも二〇〇〇年には一四セント／kWhだったので、一・八倍近くになったことになる。産業用電力価格は一四・〇四セント／kWh、賦課金免税企業は一二・五〇セント／kWhである。ただし、じっさいのエネルギー多消費産業用の税抜電力代金の推移を見ると、二〇〇九年の七セントが二〇一一年の五セント／kWhに下がっている。ドイツとヨーロッパのエネルギー価格を比較すると、ドイツはEU中位であり、電気代金はEU平均よりも高いが、再生可能エネルギーの賦課金がなければ高くはないという。ドイツでは、産業の国際競争力を考慮して、エネルギー多消費産業と鉄道は賦課金を免除されてきた。その分は、主に他の産業と家庭部門で負担してきたのである。所得中のエネルギー支出比率は、低所得一人世帯で一六％、低所得四人世帯で七％になるという。産業別でも違いがあり、鉱業、金属加工業、製紙などではエネルギーコストは製造コストの三〇％を占めるという。エネルギー集約産業の競争力を強め、再生可能エネルギー賦課金を柔軟に運用していくこと、市場の透明性を高めていくことが課題であるとされる。

以上の第一回モニタリング報告に対して、専門家委員会のコメントは、次のような内容である。温室効果ガス削減と脱原発がドイツの主要目標であり、両者が対立矛盾するという立場をドイツはとらない。二つの主要目標から派生する目標と指標をシステム化して、経済と環境と安定供給の三つの条件を満たす必要がある。省エネと再生可能エネルギーの推進に当たり、とくに建物断熱と交通分野の取組を強める必要がある。洋上風力発電の計画実施が遅れ、太陽光発電の不安定性の問題も残っている。バイオマス利用の環境影響を含め、政策の環境への影響評価が必要で、とくに土地利用への影響を重視すべきである。これまで原発が多く立地してきた南ドイツの電力供給についての精査が必要になっており、電力網建設の遅れも重要な課題である。今後予想される電力価格上昇、マクロ経済効果の分析とともに、他のヨーロッパ諸国との共同、熱分野の市場化、温室効果ガスの削減が決定的であるという。ドイツは、温室効果ガス削減を二〇一一年に一九九〇年比で二六％達成し、二〇二〇年に四〇％、二〇三〇年に五五％、二〇四〇年に七〇％、二〇五〇年に八〇％から九五％という挑戦的課題を自らに課している。日本のように、二〇二〇年二五％削減を根拠のない「ほら」であったという立場ではない。温室効果ガスの削減と脱原発を同時達成するための目標を実現する政策体系が一六〇本用意されているのである(モニタリング報告に詳細収録されている)。

ドイツの脱原発と温室効果ガス削減の同時達成は、挑戦的課題であると同時に、チャンスであり、野心的であり、政治的に広い、ということが、本報告書によって示されている。そのための国民的議論に、透明性を高め、各種詳細データも公表されている。ドイツの経験は、政治的立場、宗教的立場の違いを超えて、共通の目標で合意することがいかに重要であるか、を示しているのである。日本はいまからでも遅くない。

【参考文献】

Erster Monitoring-Bericht, Energie der Zukunft, 2012 http://www.bmwi.de/BMWi/Redaktion/PDF/Publikationen/erster-monitoring-bericht-energie-der-zukunft,property=pdf,bereich=bmwi2012,sprache=de,rwb=true.pdf

Expertenkommission zum Monitoring-Prozess, Energie der Zukunft, 2012 http://www.bundesnetzagentur.de/SharedDocs/Downloads/DE/Sachgebiete/Energie/Unternehmen_Institutionen/MonitoringEnergiederZukunft/StellungnahmederExperten2012.pdf;jsessionid=EA2266541CA500BEF52756D04CF54AB7?_blob=publicationFile&v=1

（一二）「脱原発とエネルギー転換に関する日独比較」ベルリン会議報告

（二〇一三年四月一九日）

福島はいまどうなっているのか、四八基の原発中二基だけで、どうやって電力を賄っているのか、日本はなぜ、脱原発の方向を決められないのか？　こうした疑問が世界やドイツから日本に向けられている。逆に、福島を最終的なきっかけにして脱原発を決めたドイツは、電力代金の値上げで国民の不満が高まっているのではないか、再生可能エネルギーの見通しはどれだけあるのか、これらの疑問や課題を学問的に比較検討しようという「脱原発とエネルギー転換に関する日独比較会議」が、三月一一日から二周年を迎えた二〇一三年三月一一日、一二日にベルリンで開催された。合計で約五〇人の参加があり、活発な議論がかわされた。

ドイツは脱原発の方向を決めたが、国内でまだ九基が稼働している。これに対して日本は、脱原発の方向は定まらないが、二基しか原発は稼働しておらず、省エネも進んでいる。ドイツ側の状況は、諸報告の内容を要約すれば、次のようになる。ドイツの脱原発は逆戻りできない過程だが、課題も多い。脱原発は可能だが、CO_2削減との両立が困難であり、既設建築物の断熱と交通分野からのCO_2削減が最大の課題である。エネルギー多消費産業と鉄道を免除した再生可能エネルギー

図 2-6　ベルリン会議の様子(2013 年 3 月 11 日，12 日)

出所）大沼進氏撮影

法(EEG)の改革は不可避であり、低所得者層への負担軽減が課題となり、送電網拡充とEUとの連携が遅れている。ここでは、ドイツ側の報告を中心に紹介したい。

環境省・エネルギー大転換副責任者・フランツヨーゼフ・シャウフハウゼン氏が「ドイツのエネルギー大転換、機会と挑戦」を基調報告した。二〇二二年までに原発を廃止し、かつ温室効果ガスの四〇%以上を削減し、再生可能エネルギーで電力の三五%を賄うというドイツの「エネルギー大転換」のドライバー(動因)は何か? それは、エネルギーの安全保障と気候保全、そして持続可能な発展である。その際、電気はエネルギー利用の三分の一だけであり、残りの三分の二は熱と交通分野が占めていることが重要である。エネルギー大転換の目標である省エネは、交通部門と建物の断熱改造が柱である。電力分野は比較的に成功しているが、再生可能エネルギー固定価格買取による家庭部門の負担が大きくなっている。制度改革が必要であり、経済省と環境省が協議中である。

大転換への挑戦的課題は、電力容量市場の確立、送電網の拡大、柔軟性である。GDPとCO_2との切り離しをすすめ、再生可能エネルギー生産と雇用を結びつけることであり、二〇一一年には約三八万人が関連産業に従事している。次の段階への課題は、コスト効率性、とくに太陽光分野、再生可能エネルギーの市場とグリッドの統合、グリッドと貯蔵の拡大、バイオエネルギーの拡大、EUと世界との協力である。

この報告を受けて、政府モニタリング専門家委員会のハンス・ヨワヒム・ツーチンク博士が、「ドイツエネルギー大転換のモニタリング」について報告した。ドイツのエネルギー大転換は、再生可能エネルギーに大きなポテンシャルがある。原発の八基停止で、電力輸入があった一方、事実は電力輸出の方が多かった。脱原発は難しくないが、困難なのはCO_2の同時的削減である。市場に任せていては成功しない。

エネルギー大転換のモニタリング報告は、倫理委員会報告でも強調され、経済省と環境省の責任で作成されて、それを専門家委員会が独立してコメントすることになった。二大目標は原発の廃止とCO_2削減である。省エネの最重要課題は、交通と建物だが、取組が不十分である。再生可能エネルギーによる熱利用が不可欠である。電力市場改革が必要であり、電力容量市場が求められている。本質的な問題は分配問題であり、再生可能エネルギーの固定価格買取による電力料金の値上がりは、経済的には負担可能であっても経済的弱者への負担を考慮する必要がある。電力市場の価格動向は低下傾向にあり、原発が減っても電力価格は上昇していない。エネルギー大綱(二〇一〇年)で脱原発のコストを計算し、一五〇―一六〇億ユーロ(約二兆円)程度としている。各年ベースで見ると、それほど多くはないことがわかる。

ドイツの脱原発とエネルギー大転換の歴史的意義について、マーチン・イエニッケ教授(ベルリン自由大学)は「第三の産業革命――グリーン・エコノミーのダイナミズム」として報告した。一九九〇年代からのＩＣＴ、マイクロエレクトロニクスの進展と再生可能エネルギーと省エネの進行は、高速で進み、広範囲であり、システムへの効果がある。とくに世界的な化石燃料の値上がりを背景として、再生可能エネルギーの目標をもち、拡大する国が増えている。イノベーションと市場拡大が進行している。中国でも風力発電容量が世界一となり、スピードは予想以上にすすんでいる。そこで必要なことは、温室効果ガスの削減と重層的なガバナンスであり、国ごとの先進事例である。後発国では高速化のメリットがある。物質使用を削減し、雇用を拡大して、脱原発とエネルギー転換を果たすことが肝要である。（続く）

(一三)「脱原発とエネルギー転換に関する日独比較」ベルリン会議報告(続)

(二〇一三年四月二〇日)

長年にわたり日独の環境政策を比較研究してきて、『環境と公害』誌にも寄稿しているヘルムート・ワイトナー博士(ベルリン社会科学センター)は、「ドイツの気候政策」として報告した。ワイトナー氏は一九七五年ころから、日本とドイツの環境政策の実証的研究に取り組んできた。今回でベルリン社会科学センターを定年になる記念すべき会議となった。ワイトナー氏は、気候変動政策、とくにCDM(クリーン開発メカニズム)や排出量取引などについては、懐疑的である。公共性が大切な基準だからである。環境政策にはパイオニア国が必要であり、ドイツの「エコロジー的近代化」はその具体化である。ドイツの気候政策の成果は、先行者利益を得て、相対的には成功したといえる。先行者には基準を設定できる強みがある。「グローバルな正義」と「分配的な正義」が大切である。負担の公平性が大切であり、これが挑戦的課題である。福島の事故によって、ドイツは脱原発を最終決定したのに、日本はなぜ変わらないのか? ドイツはなぜ動態的に成功したのか? その背景として、戦争による東西ドイツの分割を深刻に受け止め、反省したこと、そして、ドイツにおける非物資的価値の問題や一九六〇年代の学生運動が「緑の党」の結成に結びつくなど、の特質がある。

エネルギー大転換に伴う挑戦的課題について、クリスチャン・ヘイ・ドイツ環境諮問委員会事務局長は「大転換の危機、一〇〇%再生可能エネルギーに向けて鍵となる問題」として報告した。エネルギー大転換の目的は、脱炭素化、化石燃料輸入依存の低減、「緑の成長」(投資と雇用)であり、そのために技術イノベーション、システム統合、政治的合意、グローバルな役割モデルが鍵となる。一〇〇%再生可能エネルギーは現実的であり、鍵となるのはコスト低下の学習曲線モデルである。課題は、あまりに再生可能エネルギーの成長が速いので、コストを制御できなくなることである。また電力網の拡大が遅れている問題がある。電力網の拡大は、インセンティブ・システムを変える必要がある。市民の初期からの継続的参加が鍵となる。

ドイツの脱原発の歴史的経緯について、ルッツ・メッツ博士(ベルリン自由大学)が「ドイツの脱原発政策」を報告した。ドイツの脱原発政策は急いで決められたものではなく、一九八〇年代からの長い道のりであった。ドイツでは、一九五六—五七年から原子力からの電力利用プログラムが始められた。放射性廃棄物は、一九六五年からアッセで貯蔵が始められた。ドイツは、石油危機に遭遇して、原子力が促進される一方で、国内で核兵器配備反対運動が広がり、一九七九—八〇年の「緑の党」の結成につながった。反核兵器と反原発が連合した。一九八六年のチェルノブイリ原発事故をきっかけとして、社会民主党と労働組合は原子力反対に方向転換した。

一九八六年には、経済省が脱原発の効果を検討し、また最終的に核燃料サイクルの放棄を決めている(二〇〇五年)。一九九八年には、社会民主党と「緑の党」の連合政権ができ、二〇〇一年に二〇二二年までの脱原発を決めた。しかし、脱原発を決めても産業が抱える問題は多い。一つは放射性廃棄物の問題であり、また原子力関係の技能をもつ技術者と労働者の確保の問題がある。テロ対策、核拡散対策も必要である。二〇一〇年にキリスト教民主同盟は、脱原発を延長しようとしたが、他方で再生可能エネルギーと省エネをすすめるエネルギー大綱も出された。原子力発電所解体のコストは、建設コストよりも高い。課題は、再生可能エネルギー拡大と省エネをすすめることであるが、電力自由化は、安定供給が最大の課題である。

ドイツの脱原発に関連して、残る問題群のなかで、放射性廃棄物問題について、ロザリオ・ディヌッシ博士(ベルリン自由大学)が「ドイツの放射性廃棄物管理」として報告した。ドイツの放射性廃棄物管理問題は、政治問題化している。重要なことは、「フレーム」(枠組、問題の立て方)である。利害と中心的な考え方が鍵となる。主なアクター(関係者)は、政府、各州政府、郡、NGO、産業、研究者とメディアである。この問題は典型的なNIMBY(迷惑施設反対)現象となった。二〇二二年までは乾式中間貯蔵で、二〇三〇―二一〇〇年までに最終処分となる計画であるが、困難な課題である。ベルリン自由大学の環境政策研究所と他の研究機関によるプロジェクトは、重層的なガバナンスの見通しを立てる計画である。

また、ドルテ・オールホルスト博士(ベルリン自由大学)が「ドイツのエネルギー大転換と公共的受容性」について報告した。ドイツの大学と研究所の研究連合「ヘルムホルツ連合」によって、ドイツのエネルギー大転換についての党派を超えたコンセンサスについての研究を行っている。再生可能エネルギーへの反対運動も起きている。なぜ抵抗があるのか。エコシステム、生物多様性への被害、鳥の衝突、人間健康被害、公平性、立地決定の仕方などの問題がある。その背景としては、プロジェクトの必要性の理解、決定方法への不信、参加が不十分、などがある。送電線建設問題についても、影響を受ける町村、市民一人一人、その負担、自然保護の問題が生ずる。反対の理由をしっかりと受け止める必要があり、公平な参加プロセス、情報と対話を提供して、どのようにして受容性の広がりを拡大していくか、反対は改善への機会を提供していると見るべきであるという。

日本側は、吉田文和が包括的な報告を行い、鈴木一人（北大）「安全神話」、大島堅一（立命館大）「原子力のコスト」、本田宏（北海学園大）「戦後政治と原発」、大沼進（北大）「放射性廃棄物と市民参加」、渡邊理恵（新潟県立大）「福島後の原子力政策」、東愛子（北大）「原発なしの電力のコスト」などの報告が行われた。これ以外に大学院生から、韓国、アメリカ、日本の脱原発運動についても報告がなされた。

ドイツについては、現下のエネルギー情勢、シェールガス問題、EUETSの低価格、電力会社への補償問題、日本については、核拡散と抑止問題、NGOや住民の反応や情報公開、「原子力ムラ」などに関して活発な質疑が行われた。はじめての学術交流ということでもあり、研究の紹介にとどまった面があるが、今後共通のテーマで研究交流を続けていくことが確認された。脱原発とエネルギー大転換は長く続く過程であり、時間がかかる一大テーマであるからである。

【参考文献】

F. Yoshida ed., A Comparison of Japanese and German Approaches to Denuclearization and the Transformation of the Energy System—A Review of a Conference held in Berlin：北海道大学『経済学研究』第六四巻第二号、二〇一四年

（一四） 大飯原発再稼働問題――福島事故の教訓は何か（二〇一二年六月一一日）

大飯原発再稼働をめぐるこの間の一連の経過は、福島事故の教訓を総括し、日本のエネルギー政策を今後どうするかという問題がなんら解決していないことを示している。福島事故の最大の教訓は、日本で稼働してきた五四基の原発が同じ基準と規制のもとに置かれ、地震と津波などの発生に伴う過酷事故、非常事態に対して耐えることができない可能性が高いことである。原発自体のみならず、周辺住民に対する情報伝達と避難体制も十分でなく、「放射能被ばく」を防ぐことができなかった。いまも一三万人以上の人々が避難生活を送り、福島第一原発そのものが放射能汚染の発生源となり、いまだに収束の目途も立っておらず、四号機の使用済み核燃料プールも依然として危険な状態を脱していない。福島の事故の組織的・技術的問題点と教訓を明らかにし、日本全国で対応策をとることが、いままさに求められているのである。

しかしながら、政府は「電力不足」を理由に「即席の基準」をつくり、関西電力の大飯原発三号機、四号機を再稼働しようとしている。周辺自治体や関西広域連合の知事も、これを認める方向である。大飯原発の再稼働は、「電力不足」に対する例外的措置なのか、他の原発の再稼働の前例となるのか、ストレステストの一次評価のみで十分なのか、これらの点が今後大きな問題となる。

福島の事故からやがて一年半近くになるというのに、いまだに政府と国会による事故調査・検証委員会の報告書はできず、当時の関係者の聞き取り調査が続いている。また当時の政府の各対策委員会の議事録も作成されていないことが明らかになっている。これに対して、半年で一五〇回もの公聴会を開いて報告書をまとめたアメリカのスリーマイル島原発事故の例や、事故調査ではないが、二カ月で脱原発の理論づけを行ったドイツの倫理委員会報告の事例を見れば、彼我の差は明らかである。

日本の事故調査の最大の問題は、事故後の対応に焦点が当てられ、「犯人」探しが行われる傾向があり、かつ事故を起こした技術的欠陥に中心が置かれ、制度的・組織的欠陥問題を避けていることである。日本は、ハイテクとされる原子力技術と発電システムを、地震と津波の多い日本の条件で維持管理していく組織的・技術的能力をもちあわせていないことが明らかになってきたのである。

このことを明確に指摘しているのが、スイス原子力安全検査局の報告「福島の教訓」（二〇一一年一〇月）である。スイスは五基の原発をもち、電力の四〇％を賄っているが、福島の事故を受けて、原発新設を禁止し、二〇三四年ころまであと二〇年間運転するという。したがって、単純な「脱原発」ではなく、原発を続けていくうえで、福島の事故の教訓を徹底的に分析して汲み取ろうとしている。特別のチームをつくり、外国である日本から可能な限り情報を集め、二〇一一年八月までに収集した資料をもとに三九の教訓をまとめている。とくに、「事故を招いた一連の組織的・技術的不適切さ」に焦点を当てて、体系的に分析しているところが重要である。日本に欠けているのは、この視点である。全文紹介しておきたい（第一章（一六））。

日本の原子力安全・保安院が取りまとめた「技術的知見」（二〇一二年三月）なるものが、ここで指摘された問題群のほんの一部の技術的問題しか扱っていないことは明らかであり、また政府事故調査・検証委員会の中間報告も、制度上・組織上の欠陥については、ほとんど扱っていない。したがって、本報告書は、まさに日本の事故調査のあり方を問い直し、今後の原子力規制と再稼働に向けての抜本的改革と課題を明らかにしていくうえで、是非とも参照する必要がある。

(一五) 「論理と倫理」なき原発再稼働と原発輸出(二〇一三年七月八日)

「福島第一原発で事故が起きたが、それによって死亡者が出ている状況ではない。最大限の安全性を確保しながら(原発を)活用するしかない」(高市自民党政調会長、二〇一三年六月一七日、後に発言撤回)。

「日本の最高水準の(原発)技術、過酷な事故を経験したことによる安全性に期待が寄せられている」(安倍首相、中東訪問の記者会見、二〇一三年五月三日)。

はたして、これらの発言に、原発再稼働と原発輸出をすすめる「論理と倫理」を見出すことはできるだろうか? 福島の事故に関する政府と国会の事故調査委員会報告が出されて、本来ならば、そこで指摘された事故の背景と原因に即して、これまでの原発の安全基準と規制のあり方の抜本的改革がなされて、はじめて原発再稼働の検討と審査が始められるはずである。これが「論理」(スジ)というものである。福島の事故の深刻さは、全国に立地した他の四八基の原発が同じ基準で運転されてきたために、同様のリスクにさらされているという、日本の原発の危機的状況であり、首都圏二五〇〇万人の避難も検討せざるをえない危機であった。

福島の事故後、たしかに原子力規制委員会が新設されて、新たな新規制(安全)基準がつくられた。

以前は自主的取組に任されてきた過酷事故対策、地震・津波対策などが強化されたことは間違いないが、詳細な基準の決まっていないものが多く、原子力市民委員会の緊急提言が指摘するように(二〇一三年六月一九日)、様々な課題が残されている。原子炉立地審査指針との整合性の検討、安全評価審査指針の確立、重要度分類指針の見直しは全く手つかず、耐震設計審査指針、基準地震動の見直しもない。

アメリカの原子力規制委員会(NRC)の規制やスタッフ数(四〇〇〇人一〇〇基)と比べた場合、新規制に対応した検査手順書の準備や要員訓練など、少なくとも数年間はかかると見られている。しかし今回は、新規制基準を満たしていなくとも部分的コンプライアンスで、防潮堤やベント・フィルター、活断層調査などは完了していなくとも暫定的な稼働を認めるなど、電力会社に大変甘い規制といわざるをえない。

とくに、アメリカのNRCが頻繁に行っている地域住民からの意見を聞く公聴会なども制度化されず、新基準策定にあたり、府県の意見を聞かず、福島の事故で問題となった原発周辺の避難計画などは、原子力規制委員会から原子力災害対策指針の見直しが行われたものの、福島の事故で起きた状況を繰り返さない十分な防災対策になっておらず(緊急時防災措置準備区域は三〇km圏など)、またその具体化は各道府県と立地周辺自治体に任されたままである。

日本列島周辺の地震関連活動の活発化が懸念されるなかで、こうした対策が不十分なままに、全国の原発が再稼働することのリスクは非常に深刻である。例えば私の住む北海道の原発が三基立地する北海道電力泊原発は、地震津波が起きた場合の重要免震棟もなく、山側への避難路も不十分なままである。いまだに一三万人近くが避難生活を強いられ、故郷を奪われ、家族がばらばらにならざるをえない状況に置かれ、震災関連死が一四〇〇人に達した福島県の現実を見るとき、現政権支持の人であっても、「原発の再稼働」に不安を感じて反対の意見をもつ人々が多いのは当然なのである。

二〇一二年五月五日に、日本はいったん「原発ゼロ」の状態になった。その後、関西電力大飯三号機、四号機が再稼働したものの、残りの原発は動いていない。それでも日本の電力は不足していないのである。その理由は一〇％に達する節電とピークカットへの国民の協力があり、もともと各電力会社がピーク需要用に余剰発電設備をもっていたので、原発が停止しても電力を供給できたのである。ただし、原発停止によってCO_2の発生量が増加し、火力発電の燃料代が追加され、かつ停止中の原発の減価償却と維持管理費がかかる。

したがって、電力会社の値上げ申請が相次いでいる。とくに原発依存度の高い、関西電力、九州電力、北海道電力などは、値上げとともに再稼働を急ぎ、新規制基準への申請を行う予定である。さらに福島の事故を起こした当事者の東京電力までもが柏崎刈羽原発の再稼働を申請しようとしている。北海道電力などは、三基の原発が停止したままで火力発電の運転が続くと、二〇一四年三月期決算には債務超過に陥るといわれている。

ここに、原発停止が電力会社の経営危機に直結する、原発依存度の高い電力会社の経営問題がある。原発は、一度事故が起これば、「不安定電源」であることが明らかとなっている。再生可能エネルギーや電源多様化、省エネへの投資を怠り、石炭・石油火力発電と原発に頼ってきた電力会社の経営の失敗、経営論理の破綻である。しかし、当事者の電力会社は、原発さえ再稼働すれば問題はすべて解決すると考え、九電力すべてが原発再稼働を経営方針に掲げている。これは、電力会社の利益と引き換えに国民をリスクにさらす賭けといえる。

もう一つの重大な動きは、政府の経済成長戦略、インフラ輸出の柱として、原発輸出計画がすすめられていることである。国内メーカーの東芝、日立、三菱などは、福島の事故後、原子力への信頼が崩れて、市場を失う恐れが出てきたために、原発輸出への働きかけを急速に強めてきた。アメリカでは、もはや原発の新設を望めず、GE、ウエスチングハウス(WH)などのメーカーは、原発生産から撤退し、そのあとを日本のメーカーが肩代わりしている。

しかし、例えばサザンカリフォルニアエジソン社はサンオノフレ原発二号機、三号機の廃棄を決定し、事故原因の装置を製造した三菱重工への損害賠償を請求するという、こうしたリスクを抱えているのである。

日本にとっては、新規となるベトナム、トルコ、アラブ首長国連邦、インド、チェコ、フィンランド、ポーランド、ブラジルなどへの原発輸出計画が、経済成長戦略の柱としてすすめられようとしている。しかし、そのリスクは非常に高いといわざるをえない。

事故の場合の損害賠償責任や、使用済み核燃料の処理、核拡散問題、政治変動のリスクなど、数えあげればきりがない。「過酷事故を経験したことによる安全性」(安倍首相)は、まだ証明されておらず、過酷事故を防ぐことができなかった日本の原子力技術を、他の国が輸出するからといって、競争上こちらも輸出するというのは、「論理」も通らず、「倫理」上も許されないはずである。

ベトナムなどは、北部の石炭生産地帯で、原子力よりも日本の「クリーン・コール」技術を何よりも必要としており、港湾や道路、電力送電網も整っていないベトナム中部に、原発を輸出することは大変な困難とリスクが伴う。このような原発輸出のリスクはメーカーが本来負うべきだが、政府が国策として全面的に支援するのであれば、メーカーのリスク管理が甘くならざるをえない。

ノーベル経済学賞受賞のジョセフ・スティグリッツ教授が指摘するように、「ミスをしたときのコストを他人が負担する場合、自己欺瞞が助長される。損失は社会に支払わせ、利益は私有化されるようなシステムはリスク管理に失敗する」(『ガーディアン』二〇一一年四月六日付)のである。原子力に固執する電力会社とメーカーのリスクは国が面倒を見るという経済成長戦略のツケはあまりにも大きいのである。

原子力の今後については、様々な意見があるのは当然であるが、問題なのは、福島の事故を経験した日本が、そこから得られるはずの教訓を十分に学ばずに、なし崩し的に再出発しようとしていることであり、「意思決定の論拠」の曖昧さと「責任の不明確」という近代日本のもつ弱点が繰り返されているのである。

かつて「無責任の体系」と丸山眞男が指摘した問題が克服されていない。「論理性」と「倫理性」

を欠いた決定は、必ず歴史の審判を受けざるをえない。日本はかつて二度の原爆によってようやく戦争を終えた経験をもつ国である。七〇年近くたって二度の重大原発事故が起きなければ、脱原発少なくとも原発依存減への方向性が決められないとすれば、日本の悲劇である。それだけは避けたい。

(一六) 原発と倫理 ドイツ安全なエネルギー供給に関する倫理委員会報告の意義(二〇一三年七月二四日)

私は、WEBRONZAの前稿で、「「論理と倫理」なき原発再稼働と原発輸出」を論じた(前項参照)。なぜ、原発が倫理的に問題となるのか。これについて、ドイツの安全なエネルギー供給に関する倫理委員会報告の内容を紹介するかたちで原発と倫理問題について、議論したい。福島の事故を受けて、世界に先駆け脱原発とその代替となる新しいエネルギー政策を決定した。その決定において大きな役割を果たしたのが、安全なエネルギー供給に関する倫理委員会の報告「ドイツのエネルギー大転換――未来のための共同事業」(二〇一一年五月)である。

以下にその論理と倫理を紹介するが、議論の詳細は、実際に報告書を読んでいただきたい。今回、解説を付けて、私と倫理委員会のメンバーであったミランダ・シュラーズ教授が報告書の翻訳を出版した。日本の議論で欠けているところを補う意味でも、是非読んで考えてほしい。重要な国家の意思決定にあたり、その論拠を明確にし、倫理的検討を行うという手続きとその議論の内容に注目したい。

なぜ原発と倫理なのか

さて、なぜ原発問題に倫理が関わるのだろうか。倫理とは通常、善悪・正邪の判断で普遍的な基準となるものを指す。この報告では、倫理という用語は「持続可能性」「責任」「合理的で公平」「比較衡量」という考え方と結びつけて考察されている。原発やエネルギー問題に限らず、医療技術などドイツにおいて重要な社会的決定に関わって、倫理委員会がつくられて議論する伝統がある。

安全なエネルギー供給に関する倫理委員会の経緯と背景

一九八六年のチェルノブイリ原発事故によって放射能汚染被害を受け、ドイツでは脱原発の世論が高まった。以来、風力発電やバイオマスなどの再生可能エネルギーの拡大を目指す制度づくりも進められた。こうしたことを背景に、社会民主党(SPD)と緑の党の連立政権が二〇〇二年に改正原子力法で、二〇二二年を目途に脱原発すると決定した。これに対し、その後の現保守連立政権はこれを変え、原発廃止の延長を二〇一〇年秋に決定した。

しかし、福島原発の事故を受けて、メルケル首相は二〇一一年四月はじめに「安全なエネルギー供給に関する倫理委員会」を組織した。メンバーは、科学技術界や宗教界の最高指導者、社会学者、政治学者、経済学者、実業界などから選ばれ、公聴会と文書による意見聴取が行われて、集中的な討議が重ねられた。これと並行して、原子炉安全委員会(RSK)は福島の事故を受けてドイツ国内の原子炉安全評価を行った。その報告は、ドイツの原発は航空機の墜落を除けば、比較的高い耐久性をもっているとした(二〇一一年五月一六日)。しかしメルケル首相はその報告には従わず、二〇一一年五月三〇日に提出された倫理委員会報告をもとに、六月六日に二〇二二年までの原発廃止の閣議決定を行い、この決定は国会により圧倒的多数で保守・革新に関わりなく承認された。

倫理委員会報告書の要点

一七名からなる倫理委員会の報告の要点は、以下の通りである。

・原子力発電所の安全性は高くても、事故は起こりうる。
・事故が起きると、ほかのどんなエネルギー源よりも危険である。
・次の世代に廃棄物処理などを残すのは倫理的問題がある。
・原子力より安全なエネルギー源がある。
・地球温暖化問題もあるので化石燃料を使うことは解決策ではない。
・再生可能エネルギー普及とエネルギー効率化政策で原子力を段階的にゼロにしていくことは、将来の経済のためにも大きなチャンスになる。

日本に欠けているのは、このドイツのような、原発の位置づけをめぐる論理的かつ倫理的な議論である。倫理委員会設置の根拠は、「原子力の利用やその終結、他のエネルギー生産の形態への切り替えに関する決定は、すべて、社会による価値決定に基づくものであって、これは技術的あるいは経済的な観点よりも先行している」という基本的な認識にある。こうした問題に関する倫理的な価値評価において鍵となる概念は、「持続可能性」と「責任」である。安全なエネルギー供給、とくに原子力の評価をめぐっては、「人間は技術的に可能なことを何でもやってよいわけではない」という社会発展の基本命題を考慮すべきだという。

倫理委員会の共通の判断

原子力をめぐる二つの異なる代表的見解の内容が倫理委員会の審議を通じて明確になった。しかし、そこで両者の対立の根本的解消を求めるのではなく、相互理解を促進する方向で審議はすすめられた。原子力問題はエネルギー政策上の選択肢の相対的比較衡量により解決できるようなものではない、と絶対的拒否派が主張したのに対し、原子力を拒否した場合の結果につき国際的影響を含めて考慮する義務が社会にあるのではないか、と相対的比較衡量派は応じた。

また損害規模と発生率とを掛け合わせた技術的リスク公式をめぐり、小さな発生率の大損害を大きな発生率の小さな損害事例(交通事故など)よりも深刻と評価することは非合理ではないとする絶対拒否派に対し、相対的比較衡量論は、発生率を考慮すること自体は合理的であるとした。

重要なことは、原子力のリスクの考え方については異なる立場に立ちつつも、現実の原子力とエネルギーの問題について倫理委員会として共通の判断が示されたことである。すなわち、ドイツにおいては原子力をリスクのより少ない技術によって、環境・経済・社会に配慮した仕方で代替できるのだという判断である。以上の議論の詳細は、実際の報告書にあたって読んでいただきたい。

【参考文献】

安全なエネルギー供給に関する倫理委員会（吉田文和、ミランダ・シュラーズ訳）『ドイツ脱原発倫理委員会報告』大月書店、二〇一三年

（一七）「ゼロ原発」を実現した日本の課題（二〇一三年一一月一二日）

五四基の原発をもち、電力の三〇％近くを賄っていた日本は、二〇一一年三月一一日の福島事故を経て、いま、「ゼロ原発」を実現している。なぜ、それが可能になったか。第一は、ピークロード用に発電設備容量をもっていたので、その火力発電を中心として、原発代替用にフル稼働しているということである。また、ピークカットへの努力も続けられてきた。

第二に、全国平均で約一〇％の節電を達成したことである。この二つが「ゼロ原発」を実現した基本的な要因である。しかし同時に、火力発電増加によるCO_2発生増加と燃料費の増加という二つの課題が浮かび上がっている。

CO_2の増加という問題に対しては、より一層の節電とエネルギー効率の向上を図る様々な手段があり、それが新たなビジネスチャンスとなる。天然ガス利用による高効率発電、熱電併給の推進など、インフラ整備として意味のある投資が必要である。原発を続ける場合でも、安全設備、設備改造など膨大な追加投資が必要となる。

インフラという面では、自家発電の増加、電力会社間の電力融通、発送電分離、なども残された大きな課題である。燃料費の増加に対しては、電力会社も電力料金の値上げを行い、東京電力や関西電力は、中間決算で三年ぶりの黒字となり、コスト削減も行われた。これまでの総括原価方式の見直しもすすめられている。

小泉元首相が「原発ゼロ」を発言する真の狙いは、こうした改革をすすめ、退路を断たせるためであり、「電力事業者という野獣を飢えさせようとする小泉元首相」(『ウォール・ストリート・ジャーナル』二〇一三年一一月七日付、日本版)という評価も出ている。

これに対して、電力会社が原発の再稼働を計画・申請しているのは、それによる収益改善を狙っているからであるが、問題の根はもっと深い。電力会社、経済産業省、原子力関連産業の「原子力ムラ、グループ」が、既得権益を守り、旧民主党政権がすすめた「原発ゼロ」「革新的エネルギー環境戦略」を破棄し、「原発再稼働と原発輸出」を経済成長戦略の柱としたところにある。

この場合、原発再稼働と原発輸出によって生ずる様々な経済的経営的リスクを、当該事業者である電力業界や原子力関連産業自らがとるのではなく、国が肩代わりし、保証するというところが、ポイントである。福島の事故処理への国の関与や、ベトナムやトルコへの原発輸出への輸出保険の保証などを見れば明らかである。ノーベル経済学賞学者のジョセフ・スティグリッツが指摘するように、「ミスをしたときのコストを他人が負担する場合、自己欺瞞が助長される。損失は社会に支払わせ、利益は私有化されるようなシステムはリスク管理に失敗する」(『ガーディアン』二〇一一年四月六日付)のである。

これに対して、ドイツが福島事故を契機に、最終的に脱原発に踏み切った理由は、(一)原発は事故になった場合にリスクが大きすぎる、(二)原発以外に安全なエネルギー源がある、(三)脱原発にすすむことが、ドイツの経済にも有利である、という判断である(『ドイツ脱原発倫理委員会報告』大月書店、二〇一三年)。もともとドイツは、石油危機への対応戦略において、政策を進化させながら、環境とエネルギー分野を戦略的に位置づけ、産業・技術・投資政策、雇用政策と政策統合したところが特徴的である。

ドイツは、第一に、地球温暖化対策と原子力のリスク対策という環境保全の観点からと同時に、エネルギー自給率を高めるというエネルギー政策の視点からの政策が追求され、CHP(熱電併給)など電気と熱エネルギーの総合的なエネルギー政策が検討されていることが重要である。

第二に、再生可能エネルギーの利用技術と開発で「先導者」となり、世界に技術を輸出し、雇用を生み出すという戦略が存在し、詳細な計画が立てられ、実施されていることである。その政策もたえず見直しが行われ、政策自体に進化が見られる。

第三に、ドイツでは再生可能エネルギー政策が環境省の所管となり、従来のエネルギーを担当する経済技術省の所管から切り離された。また都市計画と一体となって運営され、例えばドイツのベルリン市の熱電併給事業では官民提携(PPP)により、州政府・電力会社・ガス会社などの出資でエネルギー公社をつくるなど、行政組織の縦割りを排した再編成と運営を志向している。

日本に求められるのは、福島事故を踏まえて、原発依存を減らし、再生可能エネルギーの抜本的拡大と省エネルギーをすすめる戦略理念と計画と目標である。この点で、日本はドイツに学ぶべき点が多々あると同時に、原発なしで電力を供給し、省エネルギーをすすめている日本の実践からドイツが得られる教訓も大きいはずである。

（一八）憲法改正問題と環境権（二〇一四年五月一六日）

環境権を憲法改正の突破口としようとする議論がにわかに脚光を浴びている。自民党の船田元・憲法改正推進本部長は、「姑息かも知れないが、理解が得やすい環境権などを書き加えることを一発目の国民投票とし、改正になれてもらった上で九条を問うのが現実的」と憲法フォーラムで述べた（『朝日新聞』二〇一四年五月四日付）。連立内閣与党の公明党も環境権を憲法改正のテーマにあげている。憲法改正の手続きを定めた国民投票法改正案も衆議院で可決された。

新しい人権として、健康で快適な環境で暮らす権利である「環境権」を検討していると報道されている。歴史的には、日本では、一九七〇年に東京で公害国際会議が開催され、環境権の確立が要請された。そこでは、「とりわけ重要なのは、人たるもの誰もが、健康や福祉を侵す要因にわざわいされない環境を享受する権利と、将来の世代へ現在の世代がのこすべき遺産であるところの自然美を含めた自然資源にあずかる権利とを、基本的人権の一種としてもつという原則を、法体系の中に確立するよう、われわれが要請することである」と宣言された。

しかし、ここで問われているのは、現憲法に環境権あるいは環境権に相当する基本権が欠如しているかどうかである。憲法改正の議論で必要なことは、戦後七〇年の経緯のなかで、環境問題、公害問題の解決に果たした現憲法の役割の正確な評価である。

強調すべきは、戦後日本の公害問題や公害裁判において、現憲法の三つの原理である「主権在民」「三権分立」「平和主義」の役割が、司法や行政の判断において非常に大きかったということである。

これに対して、中国などの公害問題の解決において、司法が市民の訴えを聞き、汚染源となる国営企業などへの損害賠償請求を認める判決はほとんど出ていない。しかし、その中国の現憲法第二六条には、「国家は生活環境及び生態環境を保護・改善し、汚染その他の公害を防止する」と明記されているのである。韓国の憲法にも環境権(大韓民国憲法第三五条)が明記されているが、現実には残念ながら、住民の生活と安全が確保されていない事件が相次いでいる。

日本の場合、憲法第二五条に生存権の規定「すべて国民は健康で文化的な最低限度の生活を営む権利」が明文化されており、これをもとに、民法の損害賠償請求が行われた。被害者救済に関する「三権分立」による裁判所の判決が、一九七〇年代はじめの四大公害裁判(二つの水俣病、イタイイタイ病、四日市大気汚染)で確立したのである。一九七〇年の公害国会による一四の公害関連法と一九七一年の環境庁の設立が大きな転換点となった。もちろん、地域住民、被害者の運動が四大公害裁判で大きな力となったことはいうまでもない。その住民運動を保証する「主権在民」の諸権利が不可欠であった。環境権が明記されていても、住民の民主的諸権利が保証されていなければ、環境権の実現は、絵にかいた餅である。

憲法第二五条のほかに、憲法第一三条「すべて国民は、個人として尊重される。生命、自由及び幸福追求に対する国民の権利については、公共の福祉に反しない限り、立法その他の国政の上で、最大の尊重を必要とする」という規定における生命、自由、幸福追求権も同時に重要な意義をもつ（憲法と環境権に関する議論の整理として、シリーズ憲法の論点⑭「環境権の論点」国立国会図書館調査及び立法考査局、二〇〇七年が参考になる）。

もちろん、福島原発事故による被害・避難に関する、東電と国の損害賠償責任問題などは、依然として未解決の部分が多いが、重要なことは、この問題の解決においても、「汚染者負担の原則」を適用して「被害者の全面的救済」を果たすために、これまでに確立してきた「主権在民」と「三権分立」などを基本的原理として発展具体化することである。さらに、住民参加と情報公開を保証することが必要であり、特定機密保護法はそれに逆行する。

戦後日本七〇年の成果と課題を踏まえた、地に足がついた議論が、憲法改正問題についていま求められているのである。一見すると、環境保全や国民の安全に関する権利が「環境権」によって保証されるかのような装いをとっているが、その実態を見る必要がある。戦後日本の公害問題解決の基本に戦後憲法の「主権在民」「三権分立」「平和主義」があったことを想起すべきである。これを無視して、いくら環境権を憲法に書き入れても、環境は保全されないのであり、ましてや環境権を憲法改正の本体、第九条改正などへの「露払い」にしてはならないのである。

【参考文献】

(18)　憲法改正問題と環境権

シリーズ憲法の論点⑭「環境権の論点」国立国会図書館調査及び立法考査局、二〇〇七年

（一九） 経済成長至上主義への警告

――宮本憲一『戦後日本公害史論』刊行に寄せて（二〇一四年七月三〇日）

なぜ、全国の原発再稼働が急がれるのか？　それは安倍政権の「経済成長戦略」の三つの柱の一つに原発再稼働と原発輸出が位置づけられているからである。これは、戦後の公害問題発生を生み出した構造と同じではないか、そういう思いを強く抱かせる記念碑的著作が、宮本憲一『戦後日本公害史論』（岩波書店）として、このたび刊行された。

七八〇頁の大著である。宮本氏は、『恐るべき公害』（岩波新書、一九六四年）以来、長く公害問題、裁判に関わってこられた経済学者であり、今年（二〇一四年）八四歳を迎える大先輩である。同時代に活躍され亡くなられた宇井純氏の『宇井純セレクション』（全三巻、新泉社）も刊行されたが、宮本氏の著作は、新たに書き下ろされたものである。

戦後の主な公害問題に自ら関わり、重要な役割を果たした宮本氏による同時代史であると同時に、裁判を中心に基本的な資料を提供するという役割を担っている。これを通じて日本の公害問題の発生原因と対策、政策の成果と課題を明らかにしている。アメリカとアジアとの関係を踏まえた、グローバルな視点をもちながら、個別の事例を位置づけ、データと統計に基づく分析を行っているところが貴重である。

浩瀚な本書のメッセージを簡単に要約するのは難しいが、序章の言葉が一番適切である。「欧米の研究者からみれば、自治体変革と公害裁判は日本独自の公害対策である。これは政官財学複合体という経済成長主義の社会システムの中で、戦後日本の憲法体制によって規定された、基本的人権、地方自治と司法の自立＝三権分立の制度を利用し、住民がそれらの権利を駆使したからである。これは重要な歴史的教訓である」(同、六頁)。

「政官財学複合体という経済成長主義の社会システム」のなかで、公害被害者と住民運動が新憲法の基本的人権と三権分立を駆使したことが環境政策のドライバーとなったことは、私もかねてから強調してきたところであり、WEBRONZA「憲法改正問題と環境権」(二〇一四年五月一六日、前節参照)で論じた。

水俣病、イタイイタイ病、四日市喘息など、様々な健康被害に対処するための、公害国会での一四関連法、公害健康被害補償法、公害防止事業費事業者負担法、総量規制などが公害対策の手法として生み出され、当時欧米からも高い評価を受けた。

しかし、二度の石油危機と産業構造の変化、政治情勢と日本経済の地位低下のなかで、日本の環境政策は、「後進国」となってしまった(ベルリン自由大学・ワイトナー氏の評価)。

それは、環境アセスメント制度の遅れや地球環境問題への消極的態度にあらわれている。考えてみれば、いま中国を覆うような、深刻な大気汚染、水質汚濁、健康被害があったにもかかわらず、対策が後手に回ったのは、経済成長主義のイデオロギーと政策が優先して、弱者、生活者の声が政策として生かされ、政策化されなかったからである。そこで新憲法のもとで、地方自治体の取組と最後の手段として裁判提訴が手がかりとなったのである。

その後半世紀近くを経て、冷戦体制の崩壊と、中国が「世界の工場」になるという日本を取り巻く枠組と少子高齢化などの社会構造が大きく変わり、成熟化社会への対策が迫られているにもかかわらず、相変わらず、「原子力ムラ」に象徴される「政官財学複合体という経済成長主義」そのものは維持されてきた。原発周辺の住民の避難計画が不十分なままで原発再稼働させるという政策も「成長のアキレスけん」(『日本経済新聞』二〇一四年七月二一日付)を避けるためにという「経済成長」主義の枠組は変わっていない。

なぜ日本は自らの能力を使わず、行動しないのか

長年にわたり日独の環境政策を比較研究してきたワイトナー氏は、つぎのように述べている。福島の大惨事ですら、原発というハイリスクの道から離脱する十分なインセンティブとはならなかった。総じて、日本は、本質的には、ドイツと同様の制度的・経済的・技術的能力をもっているように思われる。そこで生じる疑問は、なぜその能力は活用されず、なぜ行動に出ないのかということである。

この難問の答えは、認知戦略的能力のなかに見出すことができるかもしれない。ドイツの環境主

義者が、長年にわたり、環境政策形成に影響のあると思われるすべての関連する組織を口説き落とすための政治的な戦略を熱心に概念化し、実施してきたのに対し、日本の関係者はこうしたことをしてこなかった(日本環境会議三五周年記念講演、二〇一四年七月一九日)。健康被害などの直接の被害には対処したが、自然保護や気候変動などは後回しになったという日本の環境政策の限界を示しているのである。

これは、「政官財学複合体という経済成長主義」の社会経済システムの力が強く、それを打ち崩し、対案を出していく戦略と力が不足しているということである。福島の大惨事を踏まえ、日本の強みである、地方自治体と裁判の力を生かし、環境被害やリスクを訴えながら、脱原発とエネルギー大転換の日本版を練り上げて、下からと上からの政策的提起、産業界、行政、政治に広げていく「認知戦略的」取組を強めるしかない。

最後に、宮本氏の結び言葉を引用して、その意味を噛みしめたい。

「東日本大震災は戦後日本の転換期が来ていることを示した。本来ならば政府は未来へ向かって、維持可能な社会を作る検討を始めるべきであろう。しかし、事態は逆方向へ向かって動き出している。政府は改憲をめざして戦後民主主義は危機に陥っている。維持可能な社会を作るか、それとも戦前のようにアジアにおける覇権国家を目指して、アメリカとの同盟を強めるのか、日本人の英知と行動が試されている」(同、七四一頁)。

【参考文献】
宮本憲一『戦後日本公害史論』岩波書店、二〇一四年
ヘルムート・ワイトナー「環境政策の盛衰――日本とドイツの場合」『環境と公害』第四四巻第二号、二〇一四年

三　再生可能エネルギー論

（一）　政権が代わっても維持できるグリーン産業戦略を（二〇一一年一月六日）

地球温暖化対策の今後の世界の枠組を決めるCOP16（気候変動枠組条約第一六回締約国会議）が、メキシコで開催された（二〇一〇年一二月）。今回のカンクン合意は、京都議定書の第二約束期間を前提とし、かつ米中印等に削減努力を求めているところに意義がある。日本では二〇二〇年二五％削減目標が二〇〇九年に宣言・提案されたことに対して、経済成長を阻害し、負担を増加させ、産業の海外流出を促進しかねないとして、産業界から強い懸念が表明されている。しかし、日本自ら率先垂範して、省エネと再生可能エネルギー拡大をすすめ、GHG（温室効果ガス）を削減することは、新興国需要により価格上昇と不足気味の化石燃料への依存を減らし、日本のエネルギー安定供給に資することにつながる。

さらに省エネと再生可能エネルギー技術に磨きをかけて普及し、世界最大のGHG排出国となった隣国・中国に対して、エネルギーと環境の分野で様々な官民提携をすすめることは、両国の戦略的互恵関係の柱となる。それは京都メカニズムのCDM（クリーン開発メカニズム）や排出量取引を拡充・改善する方向と一致するはずである。

EUは二〇二〇年二〇—三〇％削減を目標にし、なかでもドイツは四〇％削減の目標を自ら掲げている。ドイツは原子力発電所の稼働延長を認めながらも、省エネ(熱電併給や建物断熱)と再生可能エネルギー(風力、太陽光、バイオマス、地熱)に関わる技術開発の総動員体制を戦略的にとり、世界をリードし、環境関係技術の輸出と雇用を伸ばしている。また、日本よりも少子高齢化の深刻なドイツでは、化石燃料に課税する環境税制改革を行い、特定財源化するのではなく、一般財源に組み入れたうえで、社会保障税改革と連携し、企業の年金負担額を減らして、雇用拡大をすすめてきた。

世界的に見ると、二〇〇八年秋のリーマンショックからの回復過程の事業再編で、環境とエネルギー分野に事業を集中・再編成する企業が急増している。エネルギー・環境インフラの再構築は新興国も含めた世界的なブームであるという判断が背景にある。例えばGEやシーメンスは、環境とエネルギー、医療分野を成長・収益部門とみなし、経営資源を集中しようとしている。パナソニックは三洋電機を買収し、「環境革新企業」というビジョンを打ち出し、国内でのエコ製品販売のみならず、世界で市場拡大を狙う。

重電メーカーの富士電機も省エネやスマートグリッド・スマートメーターでGEと提携する。三菱重工も四つの分野(①高効率発電、②カーボンフリーエネルギー、③エネルギーマネジメント、④交通システム)を柱に、スマートコミュニティ(先進的エネルギー環境都市)を目指す。半導体と原子力とを重点にする東芝もスマートグリッド関連事業、太陽光発電、リチウムイオン電池、LED照明などを強化する。

これまで資源分野への収益依存度が高かった商社も再生可能エネルギー分野への提携・投資を強化しつつある。伊藤忠商事とGEとの提携(風力)、三菱商事とアクシオナ社(太陽光発電)など、多くのプロジェクトがすすめられている。また、オイルメジャーのシェルは再生可能エネルギー開発に乗り出し、「グリーンメジャー」に転身した。日本の石油元売り大手も石油精製販売から再生エネルギー分野へ進出し、太陽電池部材を強化するなど、総合エネルギー企業への脱皮を図りつつある。

自動車産業も、電気自動車の開発を軸に世界的な再編成がすすみ、トヨタ自動車グループのアメリカ電気自動車会社(テスラ・モーターズ)との提携関係、日産・ルノー・メルセデスグループ、フォルクスワーゲンとスズキ・BYD、三菱自動車とプジョーなど、提携の動きは急である。

日本も、このような企業の動きを促進するグリーン戦略を立て、「制約なくして革新なし」の立場から、高い目標と政治的約束を行い、政権が代わっても維持できる体制をつくり、グリーン税制改革を実施し、規制改革と政策をおしすすめ、再生可能エネルギーの固定価格買取制度(FIT)を確立し、地域再生・雇用創出との政策統合を行うことが、「持続可能な低炭素社会づくり」の基礎となる。このことが、世界と東アジアにおいて、日本の技術競争力と真の意味での経済力を強めることになる。日本の名前を冠した数少ない国際条約である京都議定書の継続反対を主張する前に、地球温暖化対策基本法の成立・実施など日本自身が提案し、行動できることはまだまだあるはずである。

【参考文献】

植田和弘・梶山恵司編著『国民のためのエネルギー原論』日本経済新聞社、二〇一一年

（二）　自然エネルギー利用に本腰が入らない理由
――国内に市場の少ない風力発電（二〇一一年一月二四日）

日本ではなぜ、再生可能（自然）エネルギーの利用に本腰が入らないのか。風力発電にしても、太陽光発電にしても、そのメーカーは国内に存在するにもかかわらず、主たる市場は海外であり、したがって今後は工場も海外で拡大する動向である。つまり、生産能力の問題ではなく、電力と熱エネルギー需要側の問題であることは、明らかである。この問題を北海道の風力発電の事例で具体的に検討したい。

北海道は風力発電の導入ポテンシャルの高い地域であり、現実にも二六八基、二五万八四八五kWの発電能力がある（二〇〇九年三月）。日本における風力発電のポテンシャルの半分は、北海道にあるといわれる。なかでも道北の苫前町と稚内市には本格的なウインド・ファームが立地し、実績を積んでいる。日本海側の苫前町には、日本初の風力発電所群（ユーラスエナジー苫前二〇基、ドリームアップ苫前一九基、町立夕陽ヶ丘三基、すべてヨーロッパ製）が一九九九年以降操業し、全部で四二基、五万二千kWの能力がある。一〇年間以上の操業で、風力発電が経済的にも技術的にも成り立つことを立証している（写真参照）。

(2) 自然エネルギー利用に本腰が入らない理由

図 3-1 苫前グリーンヒルウインドパーク

出所）苫前町提供

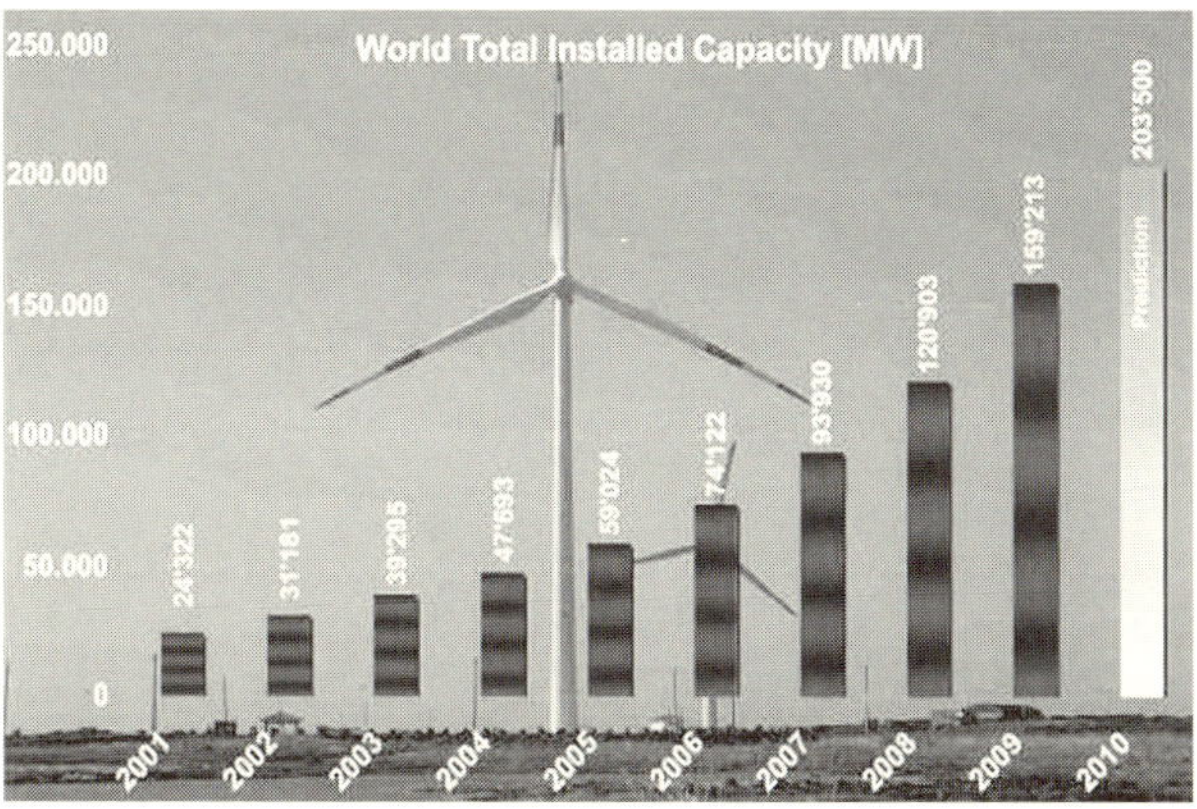

図 3-2 世界の風力発電設備容量

注）世界の風力発電は急速に伸びている。

出所）WWEA

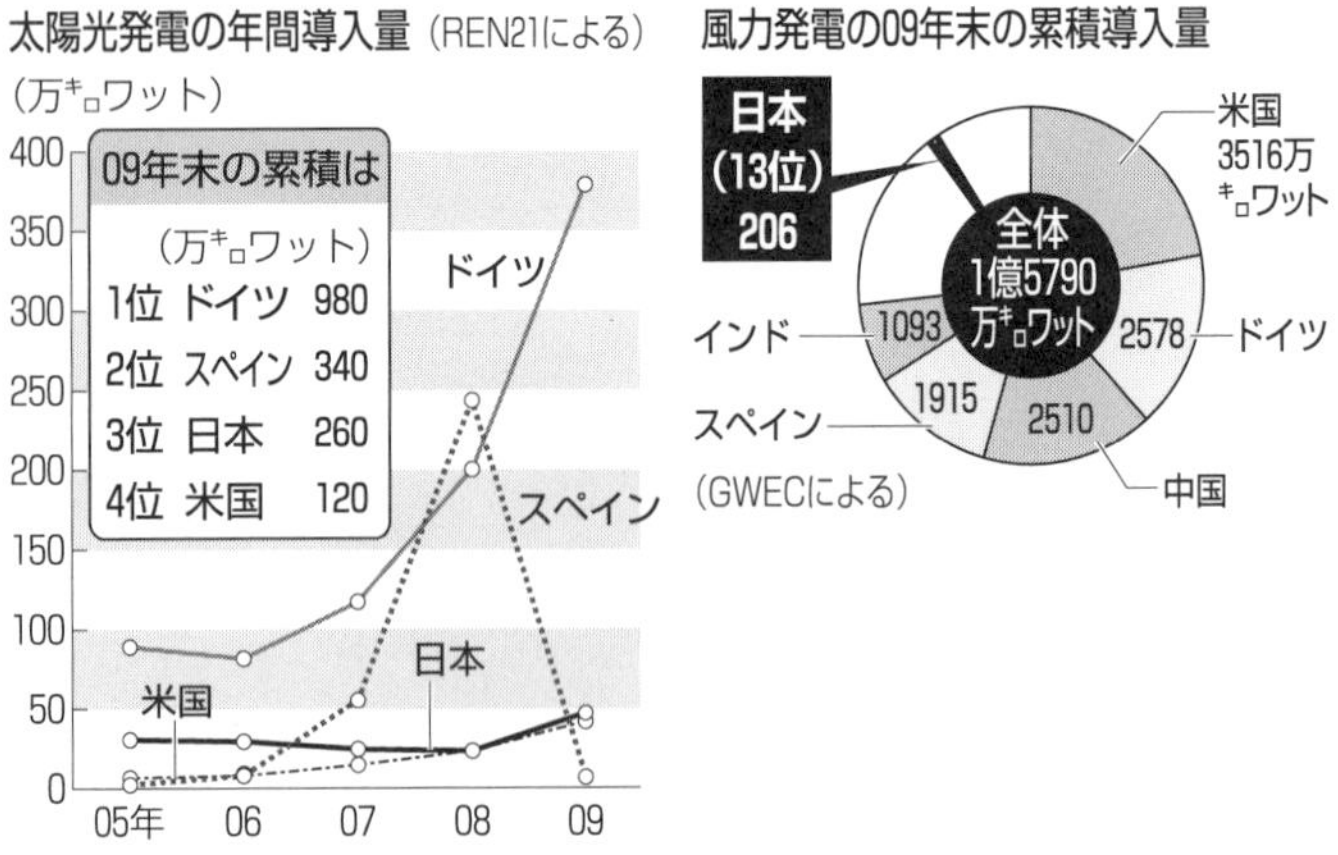

図 3-3　日本の再生可能エネルギーの位置

注）長年，世界一だった太陽光発電の導入量は今 3 位。風力は世界の潮流から取り残されている。

出所）WEBRONZA 2011 年 11 月 24 日，吉田論文

日本最北端の稚内市には、合計七四基、七万六千kWの風力発電機が稼働し、稚内市の電力の約八割を賄っている。なかでもユーラスエネジー宗谷は、三菱重工製の五七基の風力発電で五万七千kWの能力があり、三方向を海に囲まれて、設備稼働率も推定約四〇%と日本の最高水準を達成している。まだまだ新規立地の可能な地点は多いが、北海道電力の受け入れ能力の制約があり、国の再生可能エネルギー目標である「二〇二〇年までに一次エネルギーで一〇%」を達成するためには、抜本的な買取拡大と電力系統連系強化を行う必要がある。

また北海道室蘭市に立地する日本製鋼所室蘭製作所は、一〇〇年以上の歴史をもつハイテク工場である。もともと一九〇七年に、当時の北海道炭礦汽船とイギリスの兵器会社アームストロング・ウイットワース社、ビッカース社の三

社共同で設立された、民間の兵器会社であった。大砲をつくる技術が、戦後に民需転換されて、火力・原子力発電機用部材、原子炉圧力容器用部材、ガスタービン用部材は世界トップレベルで、全世界の原子力発電所の圧力容器の七―八割は、この工場の製品である。とくに、大型一万四千トン水圧プレスは世界でここにしかなく、鍛造工程の心臓部である。エネルギー関係機器の基礎部材をつくり、八割近くが輸出されている。新興国のインフラ需要と世界のエネルギー・環境関連需要は、これまでの技術蓄積のある会社に需要をもたらしている。

他方でこの工場は風力発電機も製作している。エネルギー関連機器として、もともと鋼板部門の風力発電タワー製造（一三〇機実績）から始めた（二〇〇〇年）。それ以降、ヨーロッパの技術を導入して、翼のブレードは内生し（二〇〇五年から）、国内・中型・ギアレス型で低騒音、メンテナンス容易性で売り出している。これまでに国内用に一〇〇機近くを製造している。

しかし、日本自体の地球温暖化対策基本法成立の目途も立たず、不確実性があるので、「様子見」のなかで、国内の風力発電の需要も頭打ちである。再生可能エネルギーの普及には、理念と枠組と中長期の目標が不可欠である。とくに資源エネルギー庁から提案されている再生可能エネルギーの固定価格買取制度（ＦＩＴ）は、住宅用太陽光発電の余剰買取以外は、一律に一五―二〇円／ｋＷｈ、二〇年であるが、補助金なしで風力発電事業を行っていく場合には、二四円／ｋＷｈが最低ラインであると日本風力発電協会は指摘している。今回の固定価格買取制度の提案は、現行のＲＰＳ法（「電気事業者による新エネルギー等の利用に関する特別措置法」）制度よりは前進しているものの、再生可能エネルギーの飛躍的拡大にはまだ不十分であるといえる。とくに、多様な条件と発展段階にある再生可能エネルギーを、太陽光発電以外について、一律に一五－二〇円／ｋＷｈ、二〇年の買取とし、その理由が再生可能エネルギー間の競争促進とされていることは、固定価格買取制度の本来の趣旨にそぐわない。再生可能エネルギーは初期導入コストがかかるので、その障害を克服するためにこの制度があることを認識すべきである。

（参考）日本風力発電協会が二〇一〇年一月に公表した日本の風力発電の可能性は以下の通り。

ポテンシャル

各電力会社の設備容量による制約を無しとした場合

陸　上　風　力：一万六八九〇万kW
着床式洋上風力：　九三八三万kW
浮体式洋上風力：五万一九四九万kW
合　　　　　計：七万八二二二万kW（国内全発電設備容量の三・八七倍）

各電力会社の設備容量を上限とした場合

陸　上　風　力：　六四五七万kW
着床式洋上風力：　三五一〇万kW
浮体式洋上風力：一万〇二四四万kW
合　　　　　計：二万〇二三〇万kW（国内全発電設備容量の一・〇〇倍）

（三） 岐路に立つ日本のエネルギー政策
――いかに自然エネルギー利用を拡大するか（二〇一一年二月一六日）

日本は、「エネルギー基本計画」で、二〇二〇年にゼロ・エミッション非化石エネルギー電源五〇％とする目標だが、新エネルギーの自然エネルギーは二－三％にすぎず、四〇％程度を原子力に依存する体制である。原子力はゼロ・エミッションといっても、放射性廃棄物や廃炉問題は未解決である。地震と不祥事により、近年の日本の原子力発電所の稼働率は六〇－七〇％と低迷し、代わりに石炭火力発電所によるＣＯ$_2$排出を増加させている。

一九八〇年代にかけて、日本は垂直統合、自前主義、同業種競争で生産性を上げるモデルで世界市場シェアを伸ばしてきた。しかし、一九九〇年代に入り、デジタル技術のモジュール化、オープン化がすすみ、特定製品に特化して集中投資を行うことで、韓国・台湾・中国などによる技術のキャッチアップが可能となり、日本の優位性が失われつつある。国内で垂直統合がいまだに残り、地域寡占体制になっている分野が電力分野であり、これまでは原子力依存で、自然エネルギーの普及に消極的であった。エネルギー政策も電力会社に配慮した体制であることは、資源エネルギー庁前長官の東京電力顧問就任が象徴している。

それだけでなく、欧米、アジアでは、今後の世界的な市場拡大が見込まれるグリーンエネルギー分野に戦略的集中投資を行い、さらなる経済成長を目指す仕組づくりがすすめられ、日本はこの分野では後塵を拝しつつある（『産業構造ビジョン二〇一〇』二四頁）。
そこで、以下に日本で自然エネルギーを本格的に普及させる条件について、環境エネルギー政策研究所『自然エネルギー白書二〇一〇』などを参考にまとめておく。

実現可能な野心的目標と政治的約束の必要性

「制約なくして革新なし」の立場から、二〇二〇年温室効果ガス二五％削減、二〇五〇年八〇％削減など、国の中長期の実現可能な野心的な目標を掲げ、政権が代わっても維持できる体制をつくり、産業界と国民に周知徹底することが、長期的な視野に立った投資計画と行動を可能にし、世界における日本の評価を高めることとなる。主要国との意欲的目標合意を前提とする日本の行動計画では不十分であり、少なくとも日本自身による最低限の目標と、合意を前提とする目標提示が必要である。

グリーン税制（環境税制など）

各種燃料にかけられている既存税制を、エネルギー発生量と炭素量に応じて課税するように「グリーン税制」改革を行い、化石燃料と原子力発電に伴う社会的費用を内部化する制度をつくる。これによって、自然エネルギーの価格を相対的に有利にすることができる。グリーン税制改革による税収は、特定財源化することなく、まず一般財源化し、そのうえで、社会保障税改革、消費税改正などとともに、エコ税制改革として位置づける。

規制改革と政策統合

自然エネルギーの普及の目的は、エネルギー自給率の向上と安定供給、そして環境と資源利用の持続可能性にあり、地球温暖化防止、生物多様性の保持、放射性廃棄物の安全管理などの環境保全の目標を同時達成することを明確にする。そのために、既存の自然公園法、農地法、建築基準法、廃棄物処理法などとの不整合、障害を柔軟に見直し、既存の権利関係を整理・統合して、自然エネルギー導入と利用を明確に位置づける。

自然エネルギー市場の確立(固定価格買取制度など)

グリーン税制改革を行うとともに、排出量取引制度と固定価格買取制度を確立し、CO_2市場の創出を行い、自然エネルギー市場と調和させる。グリーン電力証書、カーボン・オフセットなど、様々な自然エネルギー普及のツールを普及し、初期需要を創出し、地域開発や建築・改築時に自然エネルギーを優先使用する原則を設ける。電気については、自然エネルギーの優先接続と送電系統強化費用の負担原則を定める必要がある。

地域再生・雇用創出との政策統合

自然エネルギーの利用が地域経済と地域雇用の促進になるように、地域参加と市民参加の仕組をつくり、電気と熱エネルギーの総合利用をすすめ、地域熱電併給（ＣＨＰ）や住宅の断熱や自然エネルギー熱導入を促進する。そのためには、環境政策とエネルギー政策、電気と熱の総合利用、地域計画、投資計画、技術開発計画が連携・統合される必要がある。

公共事業の高コスト体質の改革

『産業構造ビジョン二〇一〇』が、第一の成長分野とみなした水や環境関連インフラ輸出をすすめる場合、最大の課題は、日本の上下水道や廃棄物処理関係技術が、日本国内では公共事業として行われ、高コスト体質であり、かつプロジェクト管理引き受けのノウハウ・経験が不足していることである。談合体質を改め、無駄なコストを下げることは、財政危機への解決へ寄与すると同時に海外での競争力を強めることになる。

以上のように、実現可能な野心的目標を掲げて、温暖化対策とエネルギー環境政策、産業雇用政策を連携・統合し、政権が代わっても維持できる政策をつくりあげることが、是非必要である。温暖化対策をすすめながら、社会保障制度の改革を行うために、エコ税制改革などによって、地球温暖化対策税（炭素税）を本格実施し、CO_2を減らすと同時に、その税を社会保障税や年金保険料（雇用者負担）を減らすために使う。エネルギー環境政策と産業雇用政策を連携して、省力化投資よりも省エネと自然エネルギーの開発・利用を促進する政策により雇用を増やす。低炭素社会づくりは、持続可能なエネルギー利用であることを踏まえ、将来世代に負担を残すことになる原子力利用の拡大を控え、原子力関連輸出も慎重を期す。太陽光、風力、バイオマスなどの自然エネルギーは、固定価格買取制度の充実により、国内での普及を促進し、研究開発を行い、省エネ技術とともに、海外展開を図り、輸出による雇用拡大を目指す。世界、とりわけ近隣の東アジア、中国との戦略的互恵関係を強め、経済協力、省エネ、自然エネルギー利用、環境保全での官民連携をすすめ、人材育成面での協力を展開することが、平和な世界とアジアを築く基礎になる。

【参考文献】

環境エネルギー政策研究所『自然エネルギー白書二〇一四』http://www.isep.or.jp/images/library/JSR2014All.pdf

(四)　少子高齢化のドイツがなぜ、元気なのか？(二〇一一年三月一二日)

日本よりも少子高齢化のすすむドイツは、合計特殊出生率でも一・三三であり、日本の一・三七よりも厳しく、年金完全支給開始年齢も六七歳へ移行中である。しかし、そのドイツがEU経済の牽引車となっているのは、なぜだろうか？　それは、政権が代わっても、「気候変動対策なくして、経済成長なし」の立場から、地球温暖化対策と環境技術革新政策・エネルギー政策・雇用政策および社会保障政策が連携してすすめられているからである。

その出発点は、一九九〇年代から行われている「エコ税制改革」である。石油や石炭などの化石燃料に課税する環境税の導入で、温暖化対策をすすめながら、同時に社会保障と社会保険関係への税金を減らし、雇用を増やす効果があり、その成果については、合意ができている。

さらに、風力や太陽光、バイオガスなど再生可能ネルギー導入を促進する、全量固定価格買取制度も、二〇〇〇年から再生可能エネルギー法(EEG)として始められ、再生可能エネルギーは、いまや電力生産の一六%を占めている。ドイツの北部には風力発電が林立し、南部にはソーラーパネルを付けた農家や民家が立ち並ぶ。それだけではない。ドイツ全土に約六〇〇〇のバイオガス・プラントが設置されて、全ドイツの家庭用電力の約一〇%を賄うようになっている。

今回、ドイツ南部の数カ所のバイオガス・プラントを見学する機会をもった。バイオガスとは、牛や豚などの家畜糞尿、牧草、飼料、木質チップなどを原料とし、発酵させてメタンガスを回収し発電する。その電力は固定価格買取制度により電力網に取り入れられる。廃熱も暖房などに利用する。メタンガスを精製し、都市ガス網に接続する場合もある。

第一に、ドイツは、日本の酪農地帯と同様に、家畜糞尿などの農業廃棄物の処理に頭を悩ましてきたが、ごみとしてではなく、非化石燃料として位置づけて、メタンガスを回収し、発電するという枠組で地球温暖化対策として行われるようになった。発想と枠組の転換である。廃棄物対策と技術開発、温暖化対策そして農業振興という政策連携効果がある。

第二に、その政策枠組として二〇〇〇年の再生可能エネルギー法(EEG)が重要な役割を果たした。これは風力、太陽光、バイオガスなどの自然エネルギーを全量固定価格で一五―二〇年にわたり買い取る制度である。とくにバイオガスの場合には二〇〇四年の改正で、家畜糞尿処理や熱電併給などを理由とした追加ボーナス制度(二〇セント／kWh程度)により、基本料金(一二セント／kWh)を上回る価格で買取されるので、七―一〇年間で投資が回収でき、農家にとっては重要な収入源となる。買取価格は電力料金に上乗せされるが、とくに追加ボーナス制度は、これまでの農業や地方への補助金がかたちを変えて継続されている面もある。環境保護と地方農業振興が政治的にアッピールされた。

第三に、バイオガス買取の制度づくりとともに、関係者である農業経営者と設備メーカー、研究

図3-4　バイオガス発電機とタンク（ドイツ）

出所）吉田文和撮影

機関の協力関係がつくられ、バイオガス協会が発足し、全国二三カ所で活動し、再生可能エネルギー法の立法と改正へ働きかけを行っている。バイエルン州立の農業研究所は、バイオガス生産と発酵プロセスと技術に関する基礎と応用研究を積極的に行い、この分野で世界をリードしている。若手の経営者や研究者が、この分野で活躍していることも注目に値する。

第四に、基礎となる農業生産のあり方、食糧自給率が重要である。三圃式農業の伝統をもつドイツでは、穀物と飼料を自給して、家畜を育てながら農業生産を持続させてきた。日本の酪農は、外国からの飼料に多くを頼り、また肥料と機械利用で化石燃料依存も高い。

バイオガス利用もかたちばかりの模倣ではなく、高騰する食糧の自給率を高め、化石燃料依存を減らす農業生産の展望をもつなかで位置づける必要がある。

以上のように、ドイツのバイオガスは、有機系廃棄物対策から出発しながらも、温暖化対策として位置づけ直す枠組転換が行われて、農業技術開発と地方振興策として雇用効果も期待されている。いわば一石二鳥、一石三鳥の政策連携の効果である。

これに対して、日本の状況の深刻さは、少子高齢化や財政赤字など、事態それ自体というよりも、むしろその困難の性格を深く分析し、解決策を求めて、エネルギー環境政策と社会保障政策、産業政策を連携させ、参画者の協力をつくりあげる、その展望と努力の不十分さにある。ドイツに学ぶべきはその点である。

【参考文献】

寺西俊一・石田信隆・山下英俊編著『ドイツに学ぶ　地域からのエネルギー転換――再生可能エネルギーと地域の自立』家の光協会、二〇一三年

（五）　自然エネルギーをいかに普及させるか（二〇一一年六月八日）

日本の発電量に占める太陽光などの自然エネルギーの割合を、「二〇年代の早い時期に二〇％超に引き上げる」と菅首相はG８サミットで表明した。問題はそのための制度である。

東日本大震災が発生した二〇一一年三月一一日に閣議決定された「電気事業者による再生可能エネルギー電気の調達に関する特別措置法案」が、そのための制度で固定価格買取制度の枠組を決めるものである。

固定価格買取制度とは、初期導入費用が高い再生可能エネルギー導入のブレークスルー段階において効果を発揮するもので、市場原理に任せておいたのでは、安い化石燃料に太刀打ちできないので、買取価格と買取期間をあらかじめ保証することによって、再生可能エネルギーに対して投資を呼び込み、普及を図る制度である。

日本では、すでに太陽光発電に対して、補助制度、減税制度が導入されている。これは住宅と業務を対象とした余剰の太陽光のみの固定価格買取制度で、買取価格は導入当初、住宅用（一〇kW未満）は四八円／ｋＷｈ、それ以外は二四円／ｋＷｈ、自家発電設備等を併設している場合は、それぞれ三九円／ｋＷｈ、二〇円／ｋＷｈである（二〇一一年三月までに太陽光発電を導入した場合）。

二〇一一年度については、住宅用が四八円から四二円に引き下げられ、それ以外は四〇円に引き上げられた。また、自家発電併設の場合は、住宅用三四円／kWhに引き下げられ、非住宅用三二円／kWhに引き上げられた。一般の電気料金に上乗せされる太陽光サーチャージによる標準的な家庭の月々の負担は、数十―百円程度になる見込みである。

だが、この制度は、余剰の太陽光発電のみの買取制度であり、各種の再生可能エネルギーを全量買取する場合については、抜本的な再検討が必要である。そこで資源エネルギー庁は、「『再生可能エネルギーの全量買取制度』の導入に当たって」(二〇一〇年八月)を公表し、三月一一日に、「電気事業者による再生可能エネルギー電気の調達に関する特別措置法案」を閣議決定し、四月五日に第一七七国会に提出したが、自民・公明の反対で審議に入っていない。

法案によれば、買取対象は、太陽光発電(発電事業用まで拡大)だけでなく、風力発電(小型も含む)、中小水力発電、地熱発電、バイオマス発電である。全量買取の範囲は、発電事業用設備であるが、住宅用太陽光発電は、余剰買取を基本とする。新設を対象とすることを基本に、太陽光発電を除いた買取価格は一五―二〇円／kWh程度とし、一律の買取価格とする。買取期間は一五―二〇年を基本とし、太陽光発電の買取期間は一〇年とするという。地域間でサーチャージの負担に不均衡が生じないよう必要な措置を講ずる。

北海道の風力発電の事例のように、これまでの買取制度では全量が買い取られるわけではなく、また買取価格が低く抑えられているために、設備利用率が全国平均一八％を上回る好条件であっても、補助金や環境問題への意識の高い企業による買取などに支えられて、はじめて風力発電事業が運営可能である。

これについて風力発電事業関係者によると、初期投資に対する補助金なしで採算を確保するには、二〇円／ｋＷｈで二〇年間買取を保証することが最低ラインで、さらに環境アセスメント法改正などに伴う開発・設備費用増加を勘案した場合には二四円／ｋＷｈで二〇年間買取保証が必要と見込まれるという。

「一五―二〇円／ｋＷｈで一五―二〇年間買取」という今回の案では、現在最も経済的優位にある風力発電でさえ採算ラインぎりぎりであり、環境アセスメントや施設基準の強化などの事業リスクを考えると、再生可能エネルギーの飛躍的増加を図ることは難しいと考えられる。

エネルギー効率にとくに優れた熱電併給に高い価格やボーナスを付けることがデンマークやドイツでは実施され、分散型バイオマス発電の普及促進に効果を上げている。

これに対して、日本の再生可能エネルギーは電力利用に偏っており、熱電併給利用促進の制度が遅れている。天然ガス源で熱電併給の燃料電池と太陽光発電とを組み合わせた住宅用ダブル発電は、世界から注目される日本の環境先進技術であるにもかかわらず、天然ガス利用という理由で、太陽光の余剰買取価格四二円／ｋＷｈに比べて、買取価格が三四円／ｋＷｈと安い。これでは、エネルギー政策としても問題がある。

今回、一律の買取価格が提案された理由は、エネルギー間の競争による発電コスト低減を促しためであるとされる。しかし固定価格買取制度はそもそも、初期導入コストの高い再生可能エネルギーの普及拡大というイノベーションのためであるとの基本を忘れてはならない(吉田文和・吉田晴代「北海道の風力発電の経験から見た再生可能エネルギーと全量固定価格買取制度」『環境経済・政策研究』第四巻第一号、二〇一一年)。

住宅用太陽光発電のような余剰買取についても問題がある。全量買取が「再生可能電源による発電量」を評価するのに対して、余剰買取は「売却した電力量」のみを評価するものであり、屋根に設置するパネル面積が狭い場合、日中の自家消費電力が多い場合などでは、余剰電力のみを一律の価格で買い取る方式では投資回収が難しい。

そのため、普及を促進するという観点からは、自家消費分を含めて発電電力量の全量を買い取る制度が望ましいであろう(環境省中央環境審議会中長期ロードマップ小委員会、エネルギー供給WG中間報告、二〇一〇年九月三〇日)。

これに対して余剰分のみを買い取るとする提案の理由は、

(一) 家庭における昼間の省エネルギー効果の促進
(二) エネルギーの自給自足の促進
(三) 国民負担の増加を避ける
(四) 全量買取にはメーターの移設や追加的な配線工事が必要
(五) 近い将来に、太陽光発電の買取価格が家庭用の電力料金を下回った段階では、余剰分のみの方が設置者に有利であるからとされている。

なお、これ以外に太陽光発電等の再生可能エネルギーが大量に導入された場合の系統安定化対策として、柱上変圧器の増設などの電圧上昇対策に加え、蓄電池の設置や出力抑制等の余剰電力対策が必要となるとして、太陽光発電の出力抑制のない場合には、巨額の負担が必要になると経済産業省は計算している。日本におけるスマートグリッド導入の主な関心はここにある。

日本の場合、買取対象の中心が太陽光発電であり、風力やバイオマスの割合が少なく、そのために、太陽光による余剰電力の発生、出力の急激な変動、電圧上昇などへの対応が必要になっている。したがって太陽光発電のみでなく、風力、バイオマスなど多様な再生可能エネルギーの導入が不可欠となっている。原子力への依存を減らし、多様な再生可能エネルギーを抜本的に拡大していくうえで、固定価格全量買取制度の全面的普及がますます重要となってきた。

今回提出されている再生可能エネルギー法案の第五条では、電力事業者は電力供給者からの「接続を拒んではならない」とされているが、「電気の円滑な供給の確保に支障を生ずるおそれがあるとき」は、除外される。これでは再生可能エネルギーの普及で障害となるので、この除外規定をなくし、政府の支援を含めた送電網の整備と再生可能エネルギーの受け入れを促進すべきである。

(六) いまなぜ全量買い取りが必要か(二〇一一年六月二五日)

二〇一一年三月一一日に閣議決定され、四月五日に国会に上程された固定価格全量買取法案(電気事業者による再生可能エネルギー電気の調達に関する特別措置法案)が、政局の焦点になっている。

原発災害の発生で、自然エネルギー拡大への期待が高まっているだけでなく、震災復興のうえでも、枠組と前提としての固定価格全量買取制度が不可欠となってきたのである。復興構想会議の提言案は、「原発事故を契機とした、エネルギー政策の抜本的な見直し、再生可能エネルギーの導入の促進が必要」とし、「福島県を放射能汚染の除去のための研究・実践の場、再生可能エネルギーの研究、実践の場として検討」し、そのためには、「全量買取制度の早期実施で、再生可能エネルギーの導入を拡大」が強調されている。

また、日本は風力や太陽光パネル、地熱など、自然エネルギー関係技術は世界トップ水準の技術があるにもかかわらず、補助金の制度が打ち切られる一方、固定価格全量買取制度がいまだに整備されていないために、実際に風力発電などは、受注が落ち込んでいる。

そもそも、なぜ、この制度が必要か。それは、なぜ、自然エネルギー普及が必要なのかという基本問題になり、エネルギーの投入と排出の将来にわたる持続可能性を考え、化石燃料値上がりを背景として、地球温暖化対策としてエネルギー自給率を高め、エネルギー安全保障を確保することが目的として重要である。

自然エネルギーは、持続可能性、地産地消、エネルギー自給、環境負荷が低いという特性がある一方、自然エネルギーの弱点として、天候に左右され、エネルギー密度が低く、コストの問題などがある。

その課題克服のため、何が必要かを技術と制度の両面から見れば、(一)天候に左右されるという弱点があるため、電池に溜めることなどが必要であり、(二)エネルギー密度、立地条件では、日本の自然エネルギーのポテンシャル調査では、風力、バイオマス、太陽光、地熱、小水力、などが有望であり、(三)日本の技術水準は高いが、太陽光、風力、地熱、小水力などを普及させる制度が不十分である。とくにコスト問題は制度によって普及させながら、コストを下げるために、固定価格全量買取制度の必要がある。

国会に提出されている固定価格全量買取法案は、制度面で改善すべき以下の三つの課題があるが、与野党合意で是非、成立させるべきで、いまをおいて成立の機会はない。

環境エネルギー政策研究所・飯田哲也氏が指摘するように(二〇一一年五月二三日)、自然エネルギーの本格的普及のために、なお改善すべき点がある。

第一に、提案されている、太陽光以外は「一律価格」となると、普及がすすむ技術とそうでないものが出てくる。自然エネルギーの種類別の特性、規模、地域の実情を踏まえた買取価格を設定すべきである。とくに、ドイツなどの経験では、バイオマスなどは、規模と条件別にきめ細かく買取価格を設定し、導入促進を図る必要がある。競争促進のために、一律価格にするという政策は、初期投資の高コストを保証するという固定価格全量買取制度の趣旨を損なうものである。

第二に、住宅用の太陽光発電からの買取が「余剰」買取となっている問題である。余剰率は家庭ごとに異なっており、不公平であり、全量買取の公平な制度にして、飛躍的普及を図るべきである。

第三に、送電網への接続義務の問題である。前回も指摘したが(本書第三章(五)、二一四頁参照)、接続を拒める条件が、(一)「特定供給者が必要な費用を負担しない場合」、(二)「電気の円滑な供給に支障が生ずるおそれがある場合」、(三)「その他経済産業省令で定める場合」となっており、とくに(二)の条件に関連して、送電網整備の国の支援などについても検討する必要がある。

固定価格買取費用が電力料金に上乗せされ、高コストになるという問題に対しては、家庭で月約二〇〇円程度の負担であり、これはすでになされている原発の電源開発促進税の上乗せ額(約一一三円)を考慮すれば、決して高くない。産業用料金の負担については、特定の産業に過大な負担がかからないよう配慮した制度設計が必要である。

本固定価格全量買取制度は、自民党や公明党内でも意見が分かれており、自民党の谷垣総裁は「法案が実効的か検討の余地がある」と述べ、審議入りに慎重だと報道されている(『朝日新聞』二〇一一年六月一六日付)。他方、菅首相は、本法案を退任の「花道」にしたいと考えているようである。

日本のエネルギー政策の今後の方向性を決める基本的枠組となる全量買取制度を「政争の具」にしてはならない。与野党の党派を超えて、二〇七議員が賛同を表明している事実を重く受けとめるべきである。

【参考文献】
環境エネルギー政策研究所（ＩＳＥＰ）提言代表者：飯田哲也「与野党は全量買取法案を最優先して可決すべき――法案可決の上で、自然エネルギーの本格的な普及に向けて、政省令レベルでの改善が必要」二〇一一年五月二三日

(七)　再生可能エネルギー買取法――利用拡大への第一歩(二〇一一年九月二日)

原子力への依存を減らすためには、省エネルギーとともに自然エネルギーの利用拡大が不可欠である。今回成立した再生可能エネルギー買取法は、そのための重要な第一歩である。太陽光や風力、バイオマスなどは、初期の投資費用がかかるので、その各々のエネルギー種別に応じた買取価格と期間を約束し、投資を促進するための費用を広く電力料金に上乗せすることで、賄う制度である。

今回の与野党協議の結果、(一)各エネルギー別に買取価格を設定し、(二)第三者委員会の設置などにより買取価格の設定をより透明にし、(三)電力多消費産業への負担軽減策を石油石炭税の利用などで行うこと、が決められたことは前進面である。

しかし、最大の課題は、各々の買取価格をどの程度に設定するかであり、そのためには第一に自然エネルギーの導入を、二〇二〇年で例えば二〇%にするなどの目標設定と合意が、是非必要である。価格設定の基準が大切なのである。

第二に、今回の法案では、自然エネルギーを電力送電網に優先的に接続させるための制度が不十分である。法律第五条に、原案通り電気事業者が接続を拒否できる条件があり、これを根拠に、例えば北海道電力のように、発電容量の五%の枠(三六万kW)を設けているところは接続を拒否する可能性が強い。自然エネルギーの発電に占める割合は、スペインでは一時的に五〇%を超す場合もあり、年間を通しても、デンマークでは二四%、ドイツでは一七%ほどにまでなっている。ハイテクとスマートグリッドがなぜ、日本で駆使できないのか、電気事業者に説明責任がある。接続できないのであれば、発送電分離も検討される必要がある。（注参照）

第三に、自然エネルギー利用を抜本的に拡大するには、送電網の全国的な整備が必要である。その負担を電力会社や電気事業者に任せるのは不十分である。これまで原発立地の補助金として使われてきた電源三法の積立金の利用などを検討すべきである。

本法は、もともと二〇〇九年に民主党政権が誕生し、CO_2の二五%削減を目標とした地球温暖化対策基本法の三つの柱、すなわち、（一）地球温暖化対策税、（二）排出量取引制度、（三）再生可能エネルギー買取法、の一つとして提起されたものである。

今回の再生可能エネルギー固定価格買取法の成立により、三つの柱のうち、（三）が成立し、（一）地球温暖化対策税が、石油石炭税の利用というかたちで一部実施されることになったと評価できる。

原子力への依存を減らしながら、地球温暖化対策をすすめる第一歩となるには、さらになすべきことは山積しているが、貴重な礎石となるように生かすべきである。

（注）
付帯決議で「接続できないときは、十分な説明をする」という内容があるが、第五条は以下のような規定である。
第五条　電気事業者（特定規模電気事業者を除く。以下この条において同じ。）は、前条第一項の規定により特定契約の申込みをしようとする特定供給者から、当該特定供給者が用いる認定発電設備と当該電気事業者がその事業の用に供する変電用、送電用又は配電用の電気工作物(電気事業法第二条第一項第十六号に規定する電気工作物をいう。第三十条第二項において同じ。)とを電気的に接続することを求められたときは、次に掲げる場合を除き、当該接続を拒んではならない。

① 当該特定供給者が当該接続に必要な費用であって経済産業省令で定めるものを負担しないとき。

② 当該電気事業者による電気の円滑な供給の確保に支障が生ずるおそれがあるとき。

③ 前二号に掲げる場合のほか、経済産業省令で定める正当な理由があるとき。

二 経済産業大臣は、電気事業者に対し、前項に規定する接続が円滑に行われるため必要があると認めるときは、当該接続に関し必要な指導及び助言をすることができる。

三 経済産業大臣は、正当な理由がなくて第一項に規定する接続を行わない電気事業者があるときは、当該電気事業者に対し、当該接続を行うべき旨の勧告をすることができる。

四 経済産業大臣は、前項に規定する勧告を受けた電気事業者が、正当な理由がなくてその勧告に係る措置をとらなかったときは、当該電気事業者に対し、その勧告に係る措置をとるべきことを命ずることができる。

(八)　デンマークの再生可能エネルギー(二〇一一年九月二二日)

デンマークは、電力に占める風力発電の比率が二〇%を超える世界一の風力発電王国である。一九七〇年代の石油危機への対応のなかで、北海油田の開発とともに、風力やバイオマス(麦藁、家畜糞尿、木質チップ)のエネルギー開発に力を入れて自給率を高めてきた。

日本においても再生可能エネルギーの固定価格買取制度が始まろうとしているいま、先行するデンマークの経験をよく踏まえておくことが大切である。

デンマークはなぜ、原子力計画を放棄したか

デンマークはもともと原子力発電を計画していたが、一九八五年に国会で、原子力発電を導入しない決定を行った。その主な理由は、以下の四つである。

(一)　狭い国内で立地することは困難である
(二)　国産技術では不可能なので輸入しなければならない
(三)　安全性と廃棄物に未解決の問題がある
(四)　経済性にも問題があり、多くの補助金が投入されている

である。

他方で、デンマークは北欧三国の電力網を通じて、原子力の電力を輸入していることも事実である。水力と原子力あわせて約三〇%を輸入し、また輸出もしている。

どのように再生可能エネルギーを普及させてきたか

デンマークの電力の約二〇%は風力、約一〇%がバイオマスで賄われ、残りの約七〇%が石炭などの化石燃料である(二〇〇九年)。それを詳しく見ると、国内の再生可能エネルギー生産の内訳は風力二四%、麦藁一四%、廃木材二八%、バイオガス四%、廃棄物二五%などであり、現在デンマークのエネルギー消費の約一九%(二〇一一年目標は二〇%)、最終電力需要の約二七%が再生可能エネルギーによって賄われている。他方で石炭は四九%、天然ガスも一九%を占める。再生可能エネルギーのうち、風力発電は電力設備容量の二六%を占め(二〇〇九年値)、約五〇〇〇基が設置されている。一九九一年からは洋上風力発電も開始され、現在では風力発電の約二〇%を占めている。(Danish Energy Agency, 2009, Annual Energy Statistics)。

バイオマス系はデンマークの再生可能エネルギーの約七〇%を占め、地域暖房などの熱供給で重要な役割を果たしている。とくに、地域暖房は六一%の家庭をカバーしているが、全土に六七〇の熱電併給施設があり、エネルギー消費の約一〇%をバイオマスから供給されている。(Danish Biogas Association, 2009, Danish Biogas)。

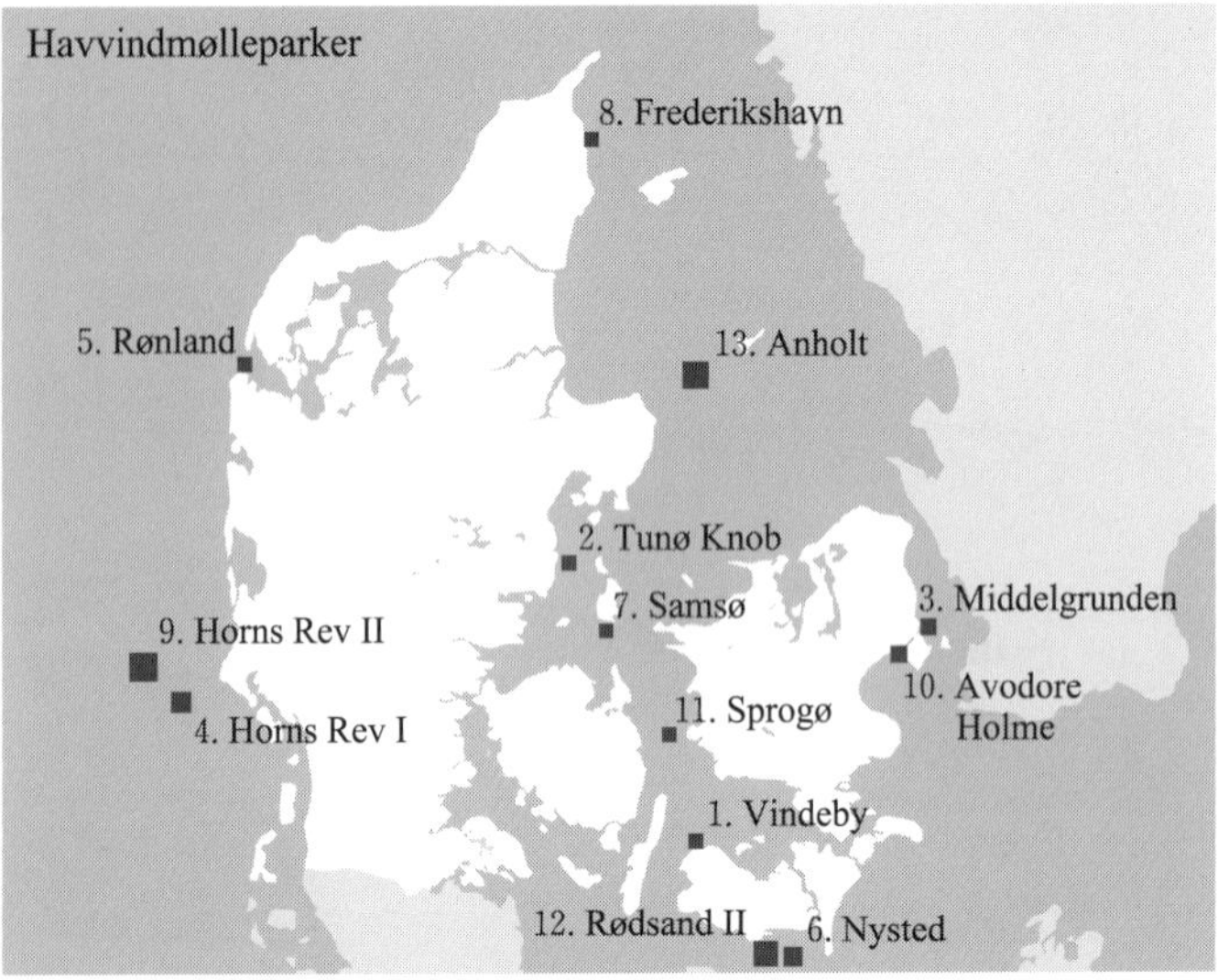

図 3-5　デンマークの洋上風力発電

出所）デンマーク・エネルギー庁 HP

これらの再生可能エネルギーの普及に大きく寄与しているのは、ＦＩＴ（固定価格買取制度）と地域密着型の制度である。デンマークのＦＩＴはすでに長い歴史があり、再生可能エネルギーの普及に寄与してきた。現在、新設の風力発電については、約四円／ｋＷｈ（陸上風力は二万二〇〇〇ピーク時）、全期間四銭／ｋＷｈ上乗せ、洋上風力については固定価格買取約七―八円／ｋＷｈ（五万五〇〇〇ピーク時）となっている。小型家庭用風力発電は約八円／ｋＷｈ、バイオマス燃焼約二円／ｋＷｈ、電力税免除、バイオガス約一二円／ｋＷｈ、電力税免除、太陽光約九円／ｋＷｈ、一〇年買取、である。デンマークの家庭用電力価格は自由化されて変動するが、その変動価格に

(8)　デンマークの再生可能エネルギー

図 3-6　デンマークの洋上風車（コペンハーゲン沖）

出所）吉田文和撮影

ＦＩＴ分は優先的に上乗せされる。

　デンマークの電力事業は、発電部門と送電部門が分離されており、発電事業は石炭火発中心の国営発電会社と多数の再生可能エネルギー発電事業者から成り立っている。他方で、送電部門は公的管理の一社（ＴＳＯ）がすべての再生可能エネルギーを受け入れている。この再生可能エネルギーの優先的接続が大切な原則である。デンマークの電力網はノルウェー、スウェーデンの電力網と接続しており、水力と原子力の安い電力（約五円／ｋＷｈ）を購入できる一方、秋から冬にかけてはデンマークから風力発電を他国に送電している。デンマークの家庭用電力価格は約三四円／ｋＷｈで、ＥＵでも一番高いクラスに属する。価格の半分は税金分であり、残りの部分でＦＩＴ分もカバーしている。産業用価格は国際競争力を考慮して、家庭用電力の三分の一程度の約一〇円／ｋＷｈに抑えられている。

デンマークは伝統的に市民の風力発電に対する態度は好意的である。それは地域ベースでつくられた小規模タービンが多く、地域の雇用にも貢献してきたからである。地域外の風力発電事業者は、地域住民に株の二〇％を保有させる義務がある。また、最近では、陸上風力発電立地を促進させるために、自然歩道設置などの自然景観保全のプロジェクトに補助金を出す制度ができている。

風力発電と環境アセスメント

風力発電がこれだけ普及すると、当然、環境アセスメントの対象となる。風力発電の環境アセスは、まずEUレベルの指令と法的規制があり、デンマークのエネルギー庁の決定の際に許可条件に統合されている。プロジェクトごとの建設後のモニタリングと委員会が、事業者、エネルギー庁と自然保護庁によってつくられる。

陸上風力発電は市町村に許認可権限があり、洋上風力は国レベルで判断される。現在、陸上風力発電については、民家との距離は高さの四倍とならなければならないなどの規制があるが、さらに低周波問題に関する規制も検討されている。

とくに強大な洋上風力発電については、戦略的環境アセスメントが行われ、将来に洋上風力発電建設に生かせるようになっている。洋上風力発電は、入札型と公開型でアセスの手続きが異なり、入札型のアセスは電力網会社が行い、後に入札決定者が支払う。公開型は事業者が行う。アセスの規制に従って、省庁間の事前聞き取りが行われ、八週間の縦覧期間と公聴会が開かれ、結論と報告書が作成される。四年間のモニタリングが行われる。鳥類、魚類、哺乳類に関する継続的なモニタリングの結果が集積されつつある。イルカなどは、かなり影響を受けることも明らかになっている。

洋上風力と再生可能エネルギーの展望

デンマークは、二〇二〇年までに電力中の再生可能エネルギーを六〇%に高める計画であり、その内訳は四〇%の風力と二〇%のバイオマスである。風力拡大の柱は巨大洋上風力発電である。最初の洋上風力発電は一九九一年につくられ、すでに風力発電の二〇%を占めているが、二〇〇七―〇八年には将来の風力発電立地五二〇〇MWの戦略的アセスを行い、それを二〇一一年には改訂した。二〇一一年には八六八MW、二〇一二年には四〇〇MWのアンホルト洋上風力発電が追加されて、二〇一三年には一三〇〇MWなる。これで風力の約四分の一を占めることになる。

洋上風力発電導入には二つのモデルがあり、公開型と入札型である。公開型は小規模のテストケースであり、優先プレミアムの四円／kWh、二万二〇〇〇ピーク時で、接続線は投資者が負担する。これに対して入札型は大規模風力用で、政治協定が結ばれる。五万ピーク時の固定価格買取で、接続線建設コストは電力消費者が支払う。ホルンレッブの場合約七円／kWh、ロエドサンドの場合約八円／kWh、アンホルトの場合約一七円／kWhである。

入札型のモデルは、まず立地の持続可能性についてのスクリーニングが行われ、リスクが除去される。入札は一二年間の固定価格買取で行われ、電力網会社(TSO)が融資、建設、接続線建設を行い、接続の義務を負う。立地委員会が七つの予定地点の優先順位をつけたが、政治家が最終決定する。

洋上風力発電は厳しい自然条件に耐えうる新しい技術的挑戦であり、デンマークの風力発電会社にとっても競争力が試される。最近のデンマークの総選挙でも、野党側はより野心的な気候政策目標を出したが、大きな争点は、世界的な経済金融危機のなかで、財政負担を伴う「グリーン・ニューディール」政策の限界を踏まえて、いかに緑の投資を呼び込む枠組をつくり、雇用をつくりだしていくかである。この点は日本も同じ課題を抱えている。

【参考文献】

デンマーク・エネルギー庁エネルギー関係データ　http://www.ens.dk/en/info/facts-figures/energy-statistics-indicators-energy-efficiency

(九) 地域経済再生と再生可能エネルギー(二〇一二年一月一七日)

地域経済再生と再生可能エネルギーという視点から、再生可能エネルギー生産事業モデルを整理すると、主に売電事業型と地域分散型に分類される。前者の売電事業型も、(一)農林畜産・漁業の副業で、デンマーク・ドイツなどに見られるように、農地・牧場・港湾等立地により、事業者が銀行ローン等活用で投資する、(二)地域外から大規模事業者参入で、デンマークモデルでは、立地計画に地元が関与し、株式保有・雇用など地元へ利益還元する、(三)市民参加型で、デンマークや日本の北海道グリーン・ファンドなど、組合所有で、出資に応じて売電収入から配当する、などがある。

これに対して、地域分散型は、地産地消+売電によって、例えばドイツのエネルギー自給村フェルドハイム、日本でも少数・小規模の注目すべき事例がある。ベルリンから西南八〇㎞にあるフェルドハイムの事例は、風力発電を農地に四三基、設備容量七四・一MWを設置し、一部を地元に配電し、残りの大部分を売電している。バイオガス施設で、熱電併給、牛・豚糞尿・飼料用作物を投入し、バイオマス・ボイラーも設置し、熱電併給、木質チップで熱のピーク時に対応している。地域への利益還元は、低価格電力と暖房自給により、石油節約は一六万リットル/年(約一〇万ユーロ)

に達し、雇用六〇人(風力・バイオガス・バイオマス運転修理、太陽光発電設備工場等)で地元自治体に税収入があり、農家には土地賃貸料が支払われる。バイオガス施設運用による環境負荷低減の効果があり、投資はエネルギー源社、地元の上級自治体、地元農業組合、EU補助金があり、風力発電の売電収入は設備所有者のエネルギー源社に行く。

北海道をモデルとした、地域経済再生と再生可能エネルギーについて整理すると、地域に電力と熱供給を行うモデルとして、家庭、オフィス、学校、病院、商店、レストラン、温室、水産加工・乳製品工場などを対象にして、以下のような各エネルギーに即したタイプが考えられる。

風力発電関係は、陸上風力では農業関係、洋上風力では漁業関係、外部事業者による大規模投資、都市と連携として市民風車が考えられ、実際に一部が実現している。北海道グリーン・ファンドの市民風車の取組では、はまかぜちゃん(浜頓別)が一〇年間順調に運転している。風車には投資者の名前が刻まれている。

太陽光発電では、広く市民がエネルギー生産に参加し、農協も参加している。道東浜中農協の太陽光パネルでは、持続可能な酪農業の理念で一〇五戸に一〇五〇kWの設備がある。エネルギーの地産地消、経費節約、CO_2削減による地球環境保全を目指している。

バイオガスでは、熱電併給は、農畜産業から家畜糞尿、サイレージ・藁などを使い、さらに漁・水産系廃棄物の利用も可能である。十勝の鹿追町バイオガス・プラントでは、糞尿処理のメリットとして、周辺地域の悪臭対策と液肥利用で化学肥料節約の効果がある。さらにバイオマスの利用と

図 3-7　津別町丸玉産業木材加工工場バイオマス・プラント
出所）吉田文和撮影

しては、熱か熱電併給で、林業からの残廃材を使った地域暖房がある。道北の下川町では、地域暖房に林地残材、木質原料を使い森林のバイオマス・ボイラーで、町役場や総合福祉センター、消防署などの暖房を賄っている。

このほか小水力発電では、農業関係水利施設、砂防堰提、上下水道として利用するために農協・自治体と連携が必要である。また地熱発電では、温泉観光業者と連携で、大規模投資が必要である。

以上のように、再生可能エネルギーは地域資源なので、地元の参加、利益還元が成功の鍵となる。

関連した既存事業の問題点と課題としては、自治体主導事業では、設備補助金で立派な施設はできても、経営と保守は困難である。熱意あるリーダー、優秀な人材育成、簡単な設備で地域の利益優先により、地域の産業との連携（林業、農・畜産業、漁業・水産業）が重要である。大規模事業者では、事

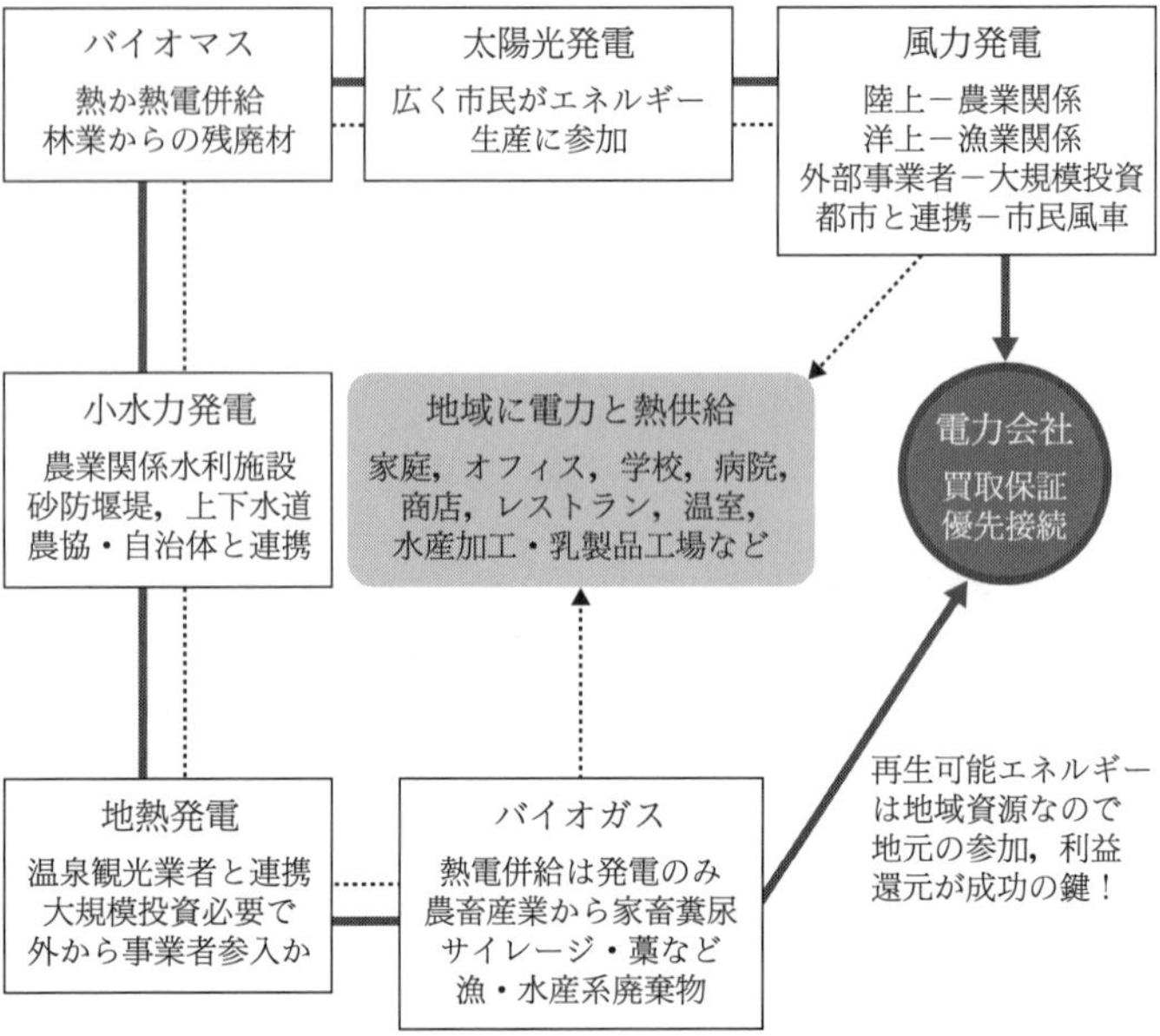

図 3-8　地域経済と再生可能エネルギー：北海道モデル

出所）吉田晴代作成

業性はクリアするが、地元との連携、利益還元は不十分なので、立地計画段階からの地域の関与が必要で、地元による一定割合の株式保有義務づけ（デンマーク型）も検討されるべきである。市民参加型では、電力買取枠と送電線の不足がネックとなっている。全量買取制度で、とくに優先接続と買取義務の完全実施が不可欠である。

　再生可能エネルギーの普及拡大の目的は、日本の抱える三つのリスクを解決することである。つまり、（一）地球温暖化のリスクでは、依然として京都議定書は重要であり、（二）原子力のリスク、（三）輸入化石燃料依存のリスク、を減らすことである。ただし、再生可能エネルギーに加え、省エネ(生産と消費)と、中継ぎとして化石燃料の利用効率向上もあわせて行い、民間投資を基礎に、新しい産業と雇用創出でグリーン・エコノミーを推進していくことが必要である。

【参考文献】

吉田文和・荒井眞一・佐野郁夫編著『持続可能な未来のためにII』北海道大学出版会、二〇一四年

（一〇）再生可能エネルギー買取価格をどう設定するか？（二〇一二年四月二四日）

再生可能エネルギーの固定価格買取制度が七月一日から実施される。その買取価格や期間を決める経済産業省の「調達価格等算定委員会」に対して、各業界団体から要望価格が示された。それによれば、一ｋＷｈ当たり太陽光四二円、風力二二―二五円、地熱二五・八円、小水力二八―三一円、バイオマス（木質）二五・二円などとなっている。再生可能エネルギーの本格的拡大には買取価格の水準が鍵になることは明らかであるので、それをどう設定するか、その際に何を基準とすべきか。

再生可能エネルギーの固定価格買取制度で先行するドイツの経験を十分踏まえる必要がある。そのドイツ最大の太陽光パネルメーカーのＱセルズが法的整理に入り、続いてアメリカのソーラー・トラストも破綻手続きを申請した。ここにきて、欧米系の太陽光パネルメーカーは軒並み赤字で経営危機に陥っている。この間、パネルの価格は技術革新と競争の激化で急激に低下し、中国製のシェアが拡大した。

他方で、ドイツなどの再生可能エネルギーの固定価格買取（ＦＩＴ）価格も低減されて、現在ドイツ国会で検討中の太陽光ＦＩＴ価格改定では、電力価格と同等とされるグリッドパリティをついに突破し、一〇kWまでの買取価格が一九・五セントとなり、家庭用電力価格の二五セントを大幅に下回った。さらに、一〇MW以上のメガソーラー用のＦＩＴはついに買取中止とされている。ドイツのパネルメーカーは、市場の半分を占める一〇―一〇〇〇kW級が一六・五セントと大幅に低減されることに危機感をもって反対しているが、今回の改定の意味するところは、ドイツの太陽光ＦＩＴが家庭用の自家消費促進型のモデルに近くなったということである。昼間用の太陽光の余剰分が買い取られ、夜間は受電するという日本型のモデルに近くなる。

ドイツでは、再生可能エネルギーは電力の二〇％を占め、太陽光パネルは再生可能エネルギーの過半の投資が行われているにもかかわらず、再生可能電力中の比率は、風力(三八％)、バイオマス(三〇％)と比べて一五％にすぎない(二〇一一年値)。これでは、太陽光パネルはどう見ても費用対効果の悪いエネルギー投資である、という批判がドイツ国内で相次いだ。ドイツの太陽光パネルメーカーは、完全に過剰投資状態で、一種のバブルに陥り、中国製のメガソーラー用の低価格品が追い打ちをかけた。

太陽光発電の意義は、とくに家庭用の場合、エネルギーの消費者が同時に生産者ともなることができ、小規模分散型電源となり、さらに各家庭でのパネル設置により、平均一五％程度の節電が行われるなどの、省エネ促進効果になるということである。

ＦＩＴの制定に当たっては、(一)再生可能エネルギーの比率をどこまで高めるかという目標設定、(二)優先接続、(三)送電線整備が重要である、と私は指摘してきた。同時に、ＦＩＴ買取価格は、消費者が広く負担するので、(一)再生可能エネルギーへの投資ができる高所得者分も低所得者が負担することになるという問題、(二)産業用電力の負担増加について、配慮する必要がある。高電力負担産業については、石油石炭税利用による補助が行われることになっている。

ドイツの場合、家庭用電力価格の二五セント／kWh中の三・五三セント分(一四%)、産業用電力価格の一三・八セント／kWh中の三・五三セント分(二六%)がFIT分となっている。高電力消費産業への特別措置はあるものの、FITによる国民負担は限界に達しているという声が出ている。

日本では、まだ初期段階にある再生可能エネルギーの普及促進、国民負担の程度、費用と効果の比較検討、バブルの抑制、などの政策目標をバランスよく考慮することが、FIT制度の価格設定に当たって、大変重要である。

そのためには、各再生可能エネルギーの開発段階、コスト、今後の見通しについての詳細な調査と情報公開が不可欠である。ドイツでは、再生可能エネルギーと原子力の安全規制が環境省の管轄となっており、環境省のHPには、再生可能エネルギーについての詳細な情報開示がなされて、各エネルギーについて技術とコスト分析報告が公開されて、価格設定の根拠が示されている(参考文献参照)。

日本においても再生可能エネルギーの各買取価格設定にあたっては、各エネルギーの技術開発の現状、コスト、見通しについての詳細な調査と情報公開が不可欠であり、業界ごとの価格についての要望を批判的・客観的に分析・評価して、急速にすすむ技術革新に対応した価格設定をきめ細かく行って、改定していく必要がある。それが先行するドイツなどの教訓である。

【参考文献】

Vorbereitung und Begleitung der Erstellung des Erfahrungsberichtes 2011 gemäß §65 EEG im Auftrag des Bundesministeriums fur Umwelt, Naturschutz und Reaktorsicherheit

（一一）ドイツ風力発電産業の最先端（二〇一二年一〇月一八日）

ドイツは、福島の事故を受けて、二〇一一年六月に二〇二二年までの脱原発を最終的に決定した。その理由は、(一)原発は事故が起きた場合のリスクが大きすぎる、(二)原発以外の安全なエネルギー源がある、(三)省エネと再生可能エネルギーをすすめることがドイツ経済の競争力を強めることになる、と総合的に判断したからである。このうち最後の判断の具体例として、ドイツ風力エネルギー産業博覧会を紹介したい。

一年たって、一〇年以内の脱原発という目標については、すでに国内での論争はなく、問題は温暖化対策との両立に焦点が移っている。とくに、建物断熱と自動車からの排ガス削減が鍵を握っている。

脱原発を決めたドイツにとって、風力発電は原発に代わるベース電力を供給する柱である。とくに洋上風力発電はドイツの国家プロジェクトとして大きな期待が寄せられている。そうした風力発電が一大産業となっていることを示すのが、風力エネルギー産業博覧会である。今回、二〇一二年九月一八日から二二日にドイツ北海沿岸のフーズムで開催された風力エネルギー産業博覧会には、三〇カ国から一二〇〇社の出展で、八会場に約九〇カ国四万人が参加した。

図 3-9 ドイツ・クックスハーヘンの洋上風力基礎製造

出所）吉田文和撮影

電気産業界のリーダーであるシーメンス社は、多くのブースを出し、四大電力会社も再生可能エネルギー利用をアッピールしていた。産業博覧会の出展者は、風力発電機の専門メーカーであるエネルコン社、ベスタス社を先頭に、一万点に及ぶ各種部品メーカー、ケーブルメーカーのみならず、風力発電のサポート部門、立地調査、気象観測、メンテナンス、安全関係のサービス会社、専門人材育成会社、金融会社も顔をそろえ、風力発電の関連会社の裾野の広がりを示すものである。

ドイツの伝統的な機械、電気産業を基礎として、新しい産業展開の方向性を示すものである。太陽光パネル産業が競争力を失うなかで、ドイツ産業の成長部門として期待されていることがよくわかる。

ドイツ風力発電産業にとって、最大の課題は北海とバルト海に計画されている洋上風力発電プロジェクトである。沖合二〇km、水深四〇mの厳しい条件

図 3-10　ドイツ北海沿岸の市民風車

出所）吉田文和撮影

に置かれる洋上風力発電は、送電線の施設も含めて、難問が山積して、進行は遅れ気味である。

しかし、ドイツの総力を結集してすすめられ、造船技術の応用、海底油田開発技術の応用・拡大としての面がある。シーメンス社は、デンマークのボーナス社を吸収・合併したうえで、さらに総合力・競争力を発揮して、発電・変圧・コントロール・送電・電力技術全体の強みを発揮しようとし、ギアレス風力発電機も開発している。

これに対してベスタス社は、たんなるデンマークの会社ではなく、ドイツの会社として根づき、洋上風力発電も目指して、競争力の強化のために三菱重工との提携交渉もすすめられている。ドイツ国内シェア第一位のエネルコン社は、鋳造から始めて伝統的な機械技術を生かして、ギアレス型風車とメンテナンスでドイツ国内第一位を確保しているが、洋上風力には参入していない。

今回の風力エネルギー産業博覧会のもう一つの特徴は、風力発電関連部門の広がりの大きさである。部品メーカー、磁石メーカー、計測コントロール機器メーカー、洋上設備、支援船部門、気象予測、落雷対策、訓練、安全、人材育成部門、立地調査とコンサル、金融と保険部門など、広範な分野に及ぶ。それに加えて、各州政府、連邦政府の政策的支援が手厚く行われ、かつ四大電力会社も国策としての風力発電に対する積極的姿勢をアッピールしている。

最後に強調すべきは、アジア、とくに中国と韓国のメーカーの積極的な進出である。すでに年間で世界最大の風力発電設置国となった中国からは、風力発電メーカーのみならず、磁石メーカーや車両メーカー(南車グループ)が顔を出し、海外市場も狙っている。韓国も現代グループとサムスングループが洋上風力発電プロジェクトを打ち上げている。

これに対して、日本メーカーの参加はわずかで、日の丸の国旗も会場には掲げられていない。三菱重工(ヨーロッパ)は、NEDOプロジェクトの洋上風力発電の宣伝を行い、NTNベアリングは、買収したフランス系ベアリング社会とともに登場していた。

「原発ゼロ」への反対意見として、日本が原発を止めても、中国と韓国が原発市場を拡大していくといわれているが、中国と韓国は原発と同時に、再生可能エネルギーとしての風力発電に対しても、予想を超えて積極的に進出している事態を直視すべきである。

顧みて、日本の省エネと再生可能エネルギーへの取組と戦略は本格的なものとなっていない。原子力に囚われて、本格的な戦略がなく、投資を十分に行ってこなかった風力発電分野を含めた再生可能エネルギーと省エネへの抜本的な取組が求められている。ベアリングなど重要部品には日本製が使われている。いまからでも遅くない。

【参考文献】
フーズム風力エネルギー産業博覧会　http://www.husumwind.com/content/de/aktuelles/2012/windkraft-projektierer_copy.php

（一二）世界最大のバイオガス・プラント（二〇一二年一〇月二六日）

デンマークは、国会で九〇％以上の賛成により「エネルギー二〇二〇」を決定し（二〇一二年三月）、二〇二〇年までに一次エネルギー中の再生可能エネルギー比三五％、電力中の風力発電比五〇％、バイオマスＣＨＰ（熱電併給）、バイオガス・グリッド促進を決めた。

デンマークのバイオガスは、家畜糞尿の処理など環境保全と有機系廃棄物の処理、再利用が第一の目的である。ガスによるエネルギー生産は、そこから派生して得られる第二の目的である。これに対しドイツは、バイオガスによるエネルギー生産を重視している。デンマークはバイオガスによるＣＨＰ（発電と暖房）と天然ガスの代替を展望している。さらにバイオエタノール生産（ガソリン代替）も視野に入れている。

バイオガス利用も集中型と分散型の二つのタイプがあり、集中型は北部ユトランドのホルステブロ市に建設され、分散型は西部ユトランドのリンクケビンク・スキャーン市で計画建設されている。二つの異なるタイプのバイオガス利用施設が、隣接する地域で実施・検討・評価できるのも、デンマークならではの、下からの自主的取組を重視した結果である。

またバイオガス・プラントに関連した専門機械設備・部品の専門メーカーの、ランディア社がり

図3-11　バイオガス・プラント
(デンマーク・ホルステブロ市)

出所）吉田文和撮影

ンクケビンク市のレムにあり、二〇〇人弱の小規模ながら、下水道・スラリー用のポンプ、曝気装置などを製造・輸出している。とくに麦藁などの繊維質に対応してナイフ付きの回転翼をもったポンプは、同社独自のものであり、日本にも輸出されている。このレムは、風車メーカーベスタスの発祥地であり、ランディア社ともども同じ戦前の「村の鍛冶屋」から出発した事業である点も興味深い。

北部ユトランドのホルステブロ市・ストルエ市では、中央集中型バイオガス・プラント施設を計画し、二〇一二年六月から実際に運用を始めている。世界最大のバイオガス・プラントである。

建設の背景は、環境規制の(とくに燐の畑への投入に関する規制)強化によって、環境脆弱地(フィヨルドと河川)周辺農家の許容飼養家畜頭数が二五％削減されると予想された。その対応策と

図 3-12 バイオガス・プラントの有機系廃棄物投入口
（デンマーク・ホルステブロ市）

出所）http://www.maabjerg-bioenergy.dk/

して、地域内の養豚・酪農・ミンク農家が協議し、自治体ホルステブロ行政区に相談（二〇〇二年秋）したことが、このプロジェクトの発端である。

国のCO_2排出削減目標、北海のガス田が将来枯渇する見込みであることなどから、自治体が所有するエネルギー供給会社（電・熱・上下水・街灯）はバイオエネルギー資源開発による安定したエネルギー供給を求めていた。これらを背景として、隣接する二自治体ホルステブロ市とストルエ市のエネルギー供給会社とバイオエネルギー供給組合（農業者組織）の共同事業が成立した。

いままで試されたことのないコンセプトと規模であるため、当初、政府は懐疑的であったが、専門委員会の評価を得たこと、国の環境・気候政策にマッチすることなどから、政府とEUもこのプロジェクトを後押ししている。計画から実施まで約一〇年かかっている。

農業者と供給会社（自治体所有）が協力することで以

下の効果を生み出している。環境脆弱地域での農業を維持する(スラリーの窒素・燐含有量を低減)、安定したエネルギー供給を確保する、雇用を確保する、CO_2排出量を削減する、などである。

投入原料は、家畜糞尿、麦藁、食品産業廃棄物、下水汚泥、産業廃棄物、家庭系廃棄物であり、処理量は六五万トン/年のバイオマス(スラリーと有機廃棄物)、バイオガス生産は一八六〇万m³/年、建設費は三・八億DKK(約五四億円)、熱生産は五三八八戸の住宅の年間熱消費に相当し、電力生産は一万四三八一戸の年間電力消費に相当し、CO_2排出削減は五万トン/年である。三〇〇人の雇用をつくり、約一四〇億円の社会経済的効果を生み出すとされる。

世界最大のバイオガス・プラントは、近代的で調和のとれた建物にすべての施設が入り、無臭でITにより手労働を減らし、最適化を図る。バイオガスと第二世代エタノールを生産し、CHP施設を介し電力と熱(暖房・給湯)を地域に供給する。参加農民は、輸送コストの一部を負担し(液肥代)、大型化で効率的・衛生的処理を行う。スラリーはパイプ輸送で、一部トラック輸送を行う。

デンマークのバイオガス生産は、分散型であれ集中型であれ、有機系廃棄物の環境保全型処理が基本にある。そのうえでエネルギー生産を行い、天然ガスパイプラインとの接続を行い、将来はバイオエタノール生産を展望している。各地域の特性を踏まえ、すべての参画者の協力と緻密な計画と柔軟性、一歩一歩前進する方法はユニークであり、学ぶべき点である。また、風力などの再生可能エネルギー計画にあたり、行政が立地調査・環境評価を行い、投資者を探し、地域住民との協議を綿密に行っていることも、大変注目に値する。

最後に、提供と通訳をしていただいた高井久光氏（オーフス大学）に感謝したい。

【参考文献】

高井久光「デンマークに於けるバイオガス増産への取り組み」（二〇一四年）http://h-biogas.com/oshirase1/2014takai_denmark.pdf

（一三）　再生可能エネルギー固定価格買取制度の成果と課題

（二〇一三年六月一〇日）

二〇一二年七月からの再生可能エネルギー固定価格買取制度（ＦＩＴ）の本格的発足で、新しい状況が生まれ、課題も明らかになりつつある。二〇一三年二月までに、日本全国で運転開始した設備容量は合計一六六万kWであり、また認定を受けた設備容量は一三〇六万kWになる。二〇一一年までの累積導入量が約二〇〇〇万kWであることと比較すると、ＦＩＴ導入の効果がわかる。新規の導入量では、圧倒的に太陽光が多く、九〇％以上にのぼる。

ＦＩＴ導入のもう一つの効果は、旧制度ＲＰＳ法（「電気事業者による新エネルギー等の利用に関する特別措置法」）のもとでの再生可能エネルギー発電施設のＦＩＴへの切り替えによる買取価格の引き上げによる収入増である。風力発電の場合、ＦＩＴ価格が二三円／ｋＷｈになり、補助金額を差し引いても、ＲＰＳ法と比べて、二―三倍の収入を得られることになる。バイオガス施設の場合、ＲＰＳ法では昼間九・五円／ｋＷｈ、夜間四・五円／ｋＷｈであったのが、ＦＩＴ制度の四〇円／ｋＷｈに切り替わる効果は大変大きい。北海道内でも、八〇近いＲＰＳ法の認定施設がＦＩＴへの切り替えを行ったと見られる。

図 3-13　宗谷岬の風車群

注）利尻富士が見える。
出所）吉田文和撮影

しかし、同時に課題も多い。何よりも、新規に導入される再生可能エネルギーは、圧倒的に太陽光に偏っている。これは、各家庭や企業でも建物に設置しやすく、また大規模太陽光（メガソーラー）施設は、まとまった安価な土地と、日照条件が合えば、設置が比較的簡単だからである。その典型が北海道へのメガソーラーの立地計画であり、全国の認定申請の約二七％を占める（二〇一二年一一月）。そのうち一〇メガ以上の規模は約八〇％が北海道外の法人によるものである。

大規模ソーラー施設は、国産メーカーの比率も高く、予定施工業者（一次受け）は約三分の二が道外事業者である。認定された計画が二〇一四年までに実行されることによる太陽光発電の建設投資総額は、一六七〇億円（五一万kW×三二万円）と推定され、年間二一一億円（稼働率を一二％と計算）の収入が業界に入ることになる。しかし、これは地元に入るわけではない（北海道経済産業局による）。

もう一つの大きな課題は、電力会社によるメガソーラーの受け入れ条件である送電線拡大の問題である。北海道の場合、北海道電力による大規模太陽光発電の受付は、特別高圧連系の必要な出力二千kW以上が八七件(一五六万kW、二〇一三年三月末)あり、現在の接続容量とされる四〇万kWの四倍に相当する。しかも、導入拡大が予想される風力発電の送電枠を、先に大規模太陽光発電が占めてしまうことになる。

　こうした事態に対して、資源エネルギー庁は、「北海道における大規模太陽光発電の接続についての対応」(二〇一三年四月一七日)を公表し、(一)接続可能量拡大のための特定地域に限った接続条件の改正(三〇日超えの出力抑制の補償規定を外す)、(二)大型蓄電池の変電所への世界初導入による再生可能エネルギー受け入れ枠の拡大、(三)電力システム改革に則った広域系統運用の拡大、の三つの対応を行うとしている。

　以上の現状が示している課題は、再生可能エネルギーと地域経済の活性化という視点から見ると、第一に、大規模な太陽光発電施設建設運営への地元資本の参画、また建設工事への参加が少なく、このままでは、たんなる用地提供に終わる可能性が高い。第二に、その結果として、エネルギーの地産地消への取組が遅れている。これに対して、電力と熱エネルギー地域分散による生産と消費を行い、リスクを減らし、地域資源を開発し、地元で利用し、雇用も増やし、過疎化を防ぐという本格的な取組が必要である。第三に、送電網の拡大整備と出力コントロールの向上を、電力会社、発電事業者、行政が協力し行う必要がある。

【参考文献】

資源エネルギー庁「北海道における大規模太陽光発電の接続についての対応」二〇一三年四月一七日　http://www.hepco.co.jp/info/2013/pdf/130417b.pdf

（一四）再生可能エネルギーと自然保護の課題（二〇一三年六月二八日）

日本は、世界第三位の地熱資源国であるといわれている。資源量に比べて遅れてきた地熱利用促進を図るために、新たな再生可能エネルギー固定価格買取制度（ＦＩＴ）で二七・三円／ｋＷｈが認められた。しかし、最大の課題は、国立公園内に立地する場合の自然保護との両立である。

その具体的な事例を、北海道大雪山国立公園層雲峡白水沢地域地熱資源開発の現状に見ることにしたい。地元の上川町では、一九六〇年代から地熱開発の長い歴史がある。はじめは、層雲峡温泉の温泉源拡大のための調査がきっかけで、北海道地下資源調査所の一九六五年から一九七二年の正式な調査により白水沢地域に熱源が確認された。

しかし、一九七二年に環境庁と通産省との「覚書」が出され、国立公園内の開発は六つに限定され、白水沢は対象外となった。その後、一九八八年に発電以外の熱水利用計画として、上川町により上川町大雪エネトピア計画が立てられたが、一九九六年に地熱開発計画はいったん凍結された。

このように、この地域には地熱開発調査の長い経緯があり、最近になって急に出てきた問題ではない。

基本的な問題は、国立公園内の景観保護・環境保全と、再生可能エネルギーとしての地熱利用の

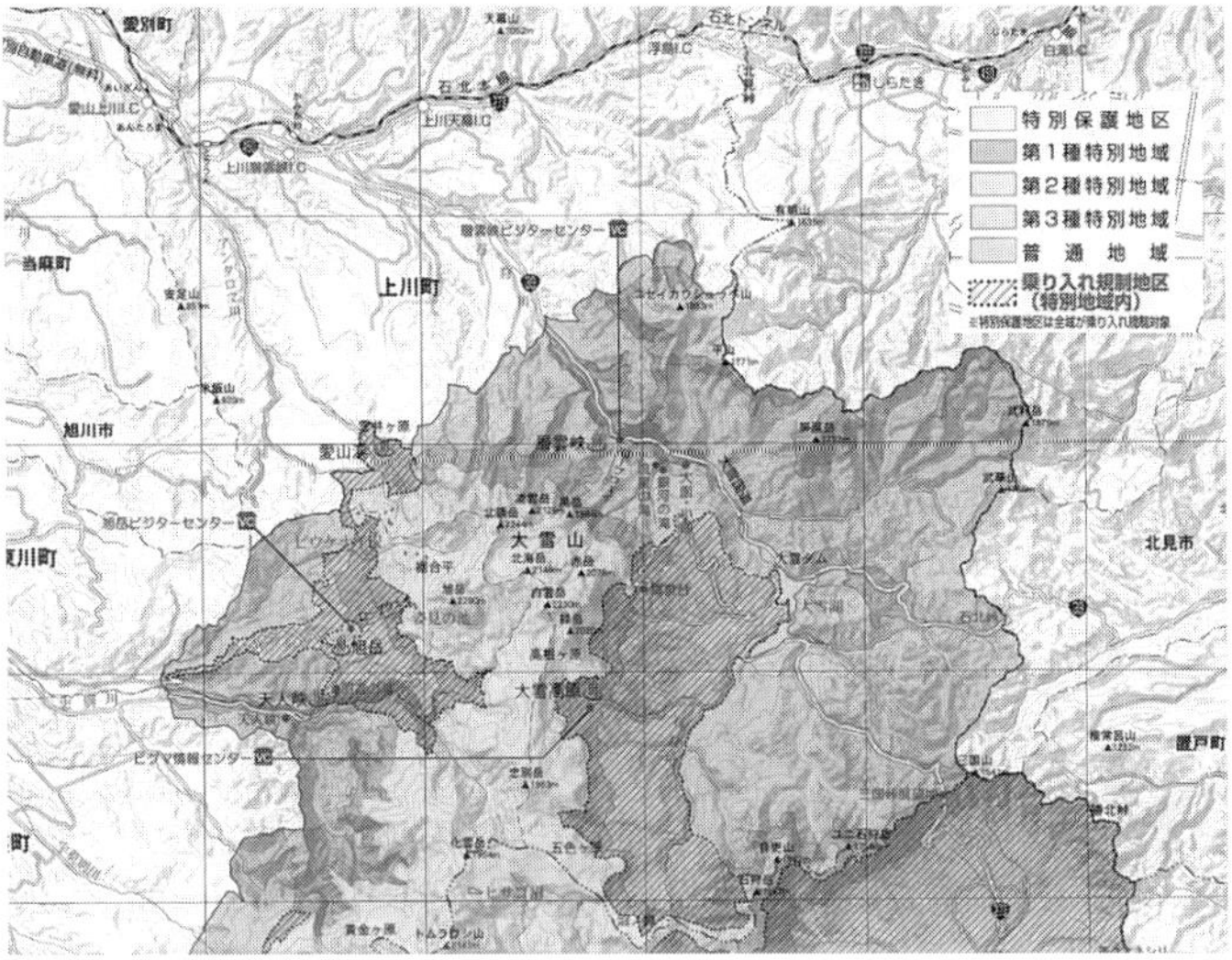

図 3-14　大雪山上川町白水沢地区地熱利用

出所）北海道上川町 HP

あり方について、国の方針が不明確なことである。環境省内でも、国立公園管理を担当してきた自然保護局と、温暖化対策を担当する地球環境局との調整が不十分である。ドイツの場合のように、再生可能エネルギーの開発の責任が環境省にあるということにもなっていない。

そこに二〇一一年三月一一日の事態が起きて、状況が変化し、一年後の二〇一二年三月に環境省から「国立国定公園内における地熱開発の取扱について」の通知が出されて、一部条件付き緩和となった。その内容は、「特別保護地区」と「第一種特別地域」は、調査を認めるものの、傾斜掘削は認めない。「第二種特別地域」と「第三種特別地域」については、条件付きかつ個別判断によって地熱開発を認めるか判断する。その条件とは、「関係者との地域における合意の形成」「地域への貢献」「情報開示」「専門家の活用」などである。「優良事例」であれば、第二種でも第三種でも開発を認めるので、白水沢がその候補となったのである。上川町のプロジェクトでは、地元の協議が行われ、事業者(丸紅)による調査が始まったが、多くのクリアすべき障害と条件がある。

それらの制約条件とは、(一)国立公園内の制約、(二)地形・湯量・温度・泉質、(三)自然保護団体の反対、などである。事業予定者である丸紅の負担による、ステップ1の調査の結果を受けて、ステップ2の環境影響評価がある。地元の資金を集めて、地熱開発に投資するには、あまりにもコストとリスクが高すぎるという。調査開始から発電まで一〇年程度かかる息の長いプロジェクトである。地元の温泉業者の関心は、温泉源への影響であるが、地表調査の水成分分析によって、温泉と同じ温泉源であるかどうか、は判断できるという。

日本国内には、地熱発電所が一八カ所稼働しており、そのうち国立・国定公園内は一〇カ所ある。北海道では道南の森町に北海道電力の地熱発電所が操業しているが、国立公園内の立地ではない。白水沢の地熱開発については、地元温泉旅館組合は、「既存のお湯の枯渇に係るのであれば、一切NOです。温泉メカニズムを先に示して頂ければ参考になるので、是非、調査を実施してほしい」(第三回上川町層雲峡温泉白水沢地区等地熱研究協議会、二〇一三年二月二六日)という。

これに対して自然保護団体は、「大雪山国立公園は生物多様性が高く、影響を与えないということはないと思う。モニタリングができるかどうかという議論ではなく、自然公園では地熱発電はできないという大きな判断が必要だと思う」(大雪と石狩の自然を守る会、地熱発電シンポジウム、二〇一三年四月二〇日)という立場である。

再生可能エネルギーの利用拡大と環境保全の両立という課題は、地域開発のみならず、風力発電所においても抱える問題であり、再生可能エネルギーの開発による環境破壊を抑えながら、いかに持続可能な再生可能エネルギー利用を行うか、これは解決を迫られる大きな課題である。福島の事故が示したように、原子力事故によるリスクと再生可能エネルギーによる環境破壊のリスクは質的に異なるものである。そこをよく考える必要がある。

【参考文献】
平成二四年度 上川町層雲峡温泉白水沢地区等地熱研究協議会 http://www.town.hokkaido-kamikawa.lg.jp/section/kikakusoumu/chs81200000ctc.html

（一五）　ドイツに見る再生可能エネルギー制度改革（二〇一三年一一月二六日）

二〇二二年までの脱原発を目標とするドイツは、再生可能エネルギーの大幅な導入と省エネを積極的にすすめ、これらを「エネルギー大転換」と呼び、世紀の大事業として位置づけている。そのために、再生可能エネルギーの普及拡大のための制度である再生可能エネルギー固定価格買取制度（EEG）を二〇〇〇年から実施し、電力の二〇％以上を風力、太陽光などの再生可能エネルギーで賄う成果を上げたが、電力代金の値上げなど、改革を迫られている課題も多い。二〇一二年度から再生可能エネルギーの固定価格買取制度を始めた日本が学べる経験と教訓を汲み出すことができる段階に達している。二〇一三年九月のドイツ総選挙を経て、CDU（キリスト教民主同盟）とSPD（社会民主党）の大連立政権交渉にあたり、EEG改革問題が一つの焦点となり、CDU側から次のような提案がなされたという（Wirtschaftwoche, 2013.11.08）。

改革の提案

（一）　新設備への過剰投資は削減する。

（二）　すべての技術への補償を連続的に低下させる。風力と太陽光がエネルギー転換の二つの柱であることは今日においてもそうである。

(三) 太陽光への補償は、これまでのように強く下げる。一年間に何度も行う。

(四) バイオマスは廃棄物、残渣処理の場合のみ認める。景観保護をすすめ、土地の(カロリーを上げるためのバイオガス・プラントへ投入する)トウモロコシ化を阻止する。

(五) 良い立地の風力発電の補償は下げる。良い条件への立地をすすめる。これらのことが事実上、エネルギー転換のコストを下げる。

(六) 二〇二〇年までに、洋上風力は六・五ギガを設備し、全体で一〇ギガにする。

(七) 風力か太陽光か将来において、ベストであるかどうかまだ明らかでない。二〇一六年から大規模太陽光を、試験的に建設する計画が提案されている。

(八) 小規模を除き、新しいグリーン電力設備は、直接取引すべきである。この提案の結果はまだ不明であるが、グリーン電力はまだ高い。現在では安い電力がこのモデルで取引できる。バイオガスは需要に対応でき、利益があるが、太陽光は問題がある。

(九) 送電業者は、補償なしに風力と太陽光の五%をカットできる。ネットワークが弱いところでは、もっとカットできる。これまでは、プレミアムを得ていた。この提案の目的は明らかである。大連合政府は、再生可能エネルギー建設と電力ネット容量を同期化させる。

(一〇) 再生可能エネルギーの電力網への基本的な供給補償は、EEGの重要な柱として維持する。

(一一) 大規模風力と太陽光の運転者が将来、その設備のベースロードを賄うかは未解決である。

例えば、エネルギー不況のときに、ガス発電を買うかどうかである。

(一二)　自家発電は将来、EEG賦課金を支払う。CHPは別である。

このほか、容量市場の創設についてSPDが要求しているのに対して、CDUは条件付きの容量市場創設を検討していると伝えられている。

(Tagesspiegel, 2013.11.10)

今回の再生可能エネルギー法改革問題を見ると、その中心は、買取価格と買取条件に関するものであり、再生可能エネルギーの種類別に、買取価格と買取期間、条件を定めて、再生可能エネルギーを拡大してきたこれまでの制度の効果は認められる。そのうえで電力料金負担のあり方、負担の公平性、産業国際競争力、をどう確保していくかという問題が発生している。とくに、太陽光発電については、発電量比率を超える賦課金の比率の高さ、中国製パネルの浸透など、ドイツの産業政策として、決して成功とはいえない問題を抱えている。

また、調整電源を設置して、経済的にも引き合うようにしなければ、風力や太陽光など天候依存型の電源を保証することはできないので、電力容量市場を創設して待機電力料金を支払い、調整電源の調達コストを再生可能エネルギーの調達コストに含めるような制度設計が必要になっている。

ドイツの再生可能エネルギー法改革をめぐる問題は、買取価格の適時的確な調整の必要性、負担の公平性確保の重要性、送電線などのインフラ整備の計画性と住民の受容性確保、産業の国際競争力と市民の負担の調整問題、調整電源の確保と費用負担問題、などを示しており、今後再生可能エネルギーを拡大していくうえで、避けて通れない問題群であり、日本などは後発者の立場から注意深く学ぶ必要がある。

今後の見通しについてまとめれば、固定価格買取制度の枠組そのものは変わらず、割り当て(RPS)制度は導入される見通しはないが、入札制、直接取引、市場プレミアムの拡大がすすめられる可能性は高い。EU理事会から、二〇一三年一一月五日に「電力への国家介入の指針案」が出され、FITと産業への免除規定は、一定期間内にはなくす方向性が示されていることも、大きな圧力である。

第二に、適切な価格調整、頻繁な調整回数、買取期間の短縮などは、ドイツに先んじて固定価格買取制度を導入した隣国のデンマークが、現在PSO(Public Service Obligation)という制度によって、年四回の価格調整と買取期間の短縮を図っているのは、注目に値する。

第三に、負担の公平化という点では、低所得者層への負担軽減措置、配慮、エネルギー多消費産業への免除の見直しが必要である。

第四に、再生可能電力の調整電源のコスト負担問題については、再生可能エネルギー導入に伴い発生する不可避の問題として、位置づける必要がある。

日本にとっての教訓

ドイツのEEG改革の教訓を日本はどう生かすべきか。FIT実施後一年たった日本では、認定された再生可能エネルギーの九五％が太陽光であるという結果になった。ドイツよりもさらに太陽光偏重という結果になった。これは、再生可能エネルギーの優先接続という原則が日本ではまだ保証されておらず、風力発電などで制約が多いことを示している。

日本のFITはドイツのEEGと制度が異なるところがあり、日本の場合には、再生可能エネルギー固定価格買取価格と回避可能価格との差が電力料金に上乗せされ、電力事業者による優先接続の義務が限定条件付きである。

ドイツはFITの制度そのものにおいては、デンマークのPSOと比べて、買取期間と買取金額が高く、かつデンマークのように年四回という調整が頻繁には行われていなかった。そこで改革が必要となっているのである。これに対して、日本の場合、発送電分離と電力自由化がまだ始まったばかりで、インフラ整備としての送電線建設も国の政策において十分には位置づけられていない。太陽光発電が九五％を占めたということは、風力や地熱などの環境アセスメントや許可プロセスの迅速化・透明化がさらに必要である。負担の公平性を図りながら、消費者が生産者になれるという太陽光の利点を生かし、市民の参加と資金を生かす制度づくり、地域の資源を利用し、活性化させるという戦略的な取組が求められている。

【参考文献】

吉田文和「ドイツの再生可能エネルギー制度改革」『環境経済・政策研究』二〇一五年(近刊)

（一六）　スペイン最新報告
――再生可能エネルギー利用の経験から学ぶもの（二〇一三年三月二八日）

世界的な再生可能エネルギー利用の拡大で大きな成果を収めたスペインは、いままた大きな経済危機に直面している。そこでスペインの再生可能エネルギーのバブルと経済危機に直接に関係があるかのような印象がもたれている。したがって、スペインの風力発電などの実際を見ることによって、再生可能エネルギー拡大の経験から教訓を汲み取る必要がある。

まずスペインと日本を簡単に比較すると、面積は五一万㎢で日本の一三四％、人口は四四一二万人で日本の三五％、発電設備容量は八万九九四四MWで日本の四五％、発電量は約二八万GWhで日本の二九％である。

再生可能エネルギーの概要

再生可能エネルギー分野のスペインの位置は、まず風力発電容量ではEU内でドイツにつぐ第二位で（世界四位）、太陽熱は世界一の生産、太陽光（PV）ではEU内三位である。再生可能エネルギーは、スペインの一次エネルギー供給の約一五％を供給し、電力生産の約三〇％を占めている

(二〇一二年)。内訳は、風力一八%、水力七%、太陽光三%などである。とくに風力発電は二万二三六二MWで、出力一〇〇万kWの原発二二基分に相当する。風力の稼働率が三〇%弱としても七基分に相当する。風力による直接雇用で約三万人を生み、ガメサ社は、世界四位の風力発電メーカーで輸出産業となっている。スペインの再生可能エネルギー利用は、一九九七年の法律で促進されるようになった。

再生可能エネルギー産業のGDPへの寄与率は、約一%を占めて、年々伸びており、いまや漁業部門・製靴部門よりも大きくなっている。雇用効果は直接、間接あわせて約一一万人である。とくに太陽熱と集光型太陽熱発電は、スペイン独自の取組である。研究開発への再生可能エネルギー産業の寄与度(四・五%)も無視できない。CO_2削減効果、省エネ効果、NO_X、SO_2削減効果、化石燃料輸入代替効果(二二億ユーロ)も大きい。

スペインの再生可能エネルギー固定価格買取制度

スペインは五大電力会社(エンデサ、イベドローラガスナチューラ、フェノーサ、エーオン、イドロ・カンタブリコ)が、電力市場の約八割を占め、それぞれが原子力、天然ガス、石炭、水力などをもっているが、とくに天然ガスのコンバインドサイクル火力発電所の設備は、経済バブル期の二〇〇二年から〇六年に増強されて、過剰設備になった。スペインの再生可能エネルギー固定価格買取制度は、一九九四年から始められ、二〇一一年末までは、風力〇・〇八ユーロ(約一〇円)/k

Wh、太陽光〇・一二五ユーロ(約一五円)／kWhであるが、二〇〇八年当時の太陽光買取価格をそれまでの二倍の〇・四四ユーロ／kWh(約五〇円)としたために、「PVバブル」が発生し、五〇〇MWの目標は三〇〇〇MWを達成し、その後にPV関係者の破綻が相次いだ。

再生可能エネルギーのコントロール

スペインの再生可能エネルギーが拡大するなかで注目されているのが、スペイン電力送電網のネットワークコントロールである。REE(Red Eléctrica de España)は、スペインのTSO送電会社で、一九八五年に設立された。マドリッド北東に立地する全国電力の送電コントロール・センターに再生可能エネルギーの予測に基づいて、電力網がコントロールされており、我々が見学した三月八日には、エネルギーコントロールセンター(CECRE)も併設されている。正確な再生可能エネルギーの予測に基づいて、電力網がコントロールされており、我々が見学した三月八日には、水力と風力など再生可能エネルギーで電力需要の五七％を賄っていた。二〇一二年四月一六日の夜中には、風力発電が六〇％に達した。一日前取引に基づく計画値は赤、予想値は緑、実需は黄色で表示される。各風力発電の設備側に出力調整・貯蔵の義務はなく、全体でバランスをとり、風力発電の出力カットの場合には、フランスを通じてEUとの接続線で送電を受ける。

ラ・ムエラ　町の風力発電と地域経済おこし

風力発電による地域経済おこしとして、スペイン北東部アラゴン州のラ・ムエラ町の事例を紹介

図3-15 風の町「ラ・ムエラ」(スペイン)

出所) 吉田文和撮影

しよう。風力条件の良い標高六〇〇mの台地に一二のウインド・ファームが立地し、風車は合計三二八基二二五MWにもなる。もともと大手電力会社のエンデサが一九八六年に一〇基(一〇MW)の試験操業を始めた。その後、全国的な再生可能エネルギー買取制度の充実により、外部からの投資による風車発電機の設置料と土地代が町の収入として入り、それをもとに町は工業団地を造った。人口が二〇〇〇年の一〇〇〇人から一〇年間に五〇〇〇人に増えた。ベスタス社の地中海地域コントロール・センターも立地している。風力発電は二〇年契約で送電インフラができているので、今後は大型化の計画がある。ただし、前町長時代の放漫財政により、スペイン全国を覆った住宅バブル投資と闘牛場などへの不要インフラ建設のために、いま町は財政危機にあるが、「風力バブル」はその原因ではない。一歩一歩確実にすすめることが大切な教訓であるという。

スペイン電力価格の問題点

スペインの電力価格は、自由化された市場価格と統制価格の二つの部分からなる。そのうち、上限額の決められた統制価格部分に再生可能エネルギー買取価格分が入っているにもかかわらず、その統制価格のコスト構造が十分には明らかにされていない。二〇〇八年には、石油と天然ガスの価格上昇があったにもかかわらず、政治的理由で電力料金の値上げがされなかった。その部分は、電力会社の未収金になっており、約一二〇億ユーロが証券化されて、政府保証はされているが、スペイン国債の格付けが下がると、リスクは大きくなる。

スペイン再生可能エネルギー協会(APPA)によれば、再生可能エネルギー拡大が電力赤字の原因とされているが、それは事実と異なるという。二〇一一年で見れば、五〇億ユーロの再生可能エネルギー固定価格買取の支払に対して、配電管理コスト五四億ユーロ、赤字補てん支払(統制価格)一八億ユーロ、出力容量支払(天然ガスなどの設備分)一五億ユーロなど、再生可能エネルギー買取価格分をはるかに上回る支出が諸コストとして、支払われていることがわかるという。

実際、二〇一二年三月に、EUはスペイン政府に対して勧告を出して、市場競争が機能しておらず、原子力と水力がコストゼロとして計算されているのに対して、天然ガス発電所のコストが高いところに設定されているという問題を指摘している。

枠組の変更の問題

二〇一一年の総選挙により、保守党政権に代わり、二〇一二年一月から電力料金の値上がりを止めるという理由で、新規の再生可能エネルギー固定価格買取はモラトリアムとなった。この二年間でこの制度に関わる制度変更は、五〇件近くになるという。まず大きな変更は、価格の消費者物価上昇分の値上げを認めないということであり、これは事実上の固定価格買取の切り下げとなる。第二に、固定価格買取か自由市場の市場プレミアムかの選択肢がなくなり、固定価格買取のみになった。第三に、発電売上料金に対する七％の新規課税が行われ、固定価格分の七％の切り下げと同じ効果をもつ。しかし、すでに五大電力会社は七％の課税を価格に組み込んで値上げしている。

一番大きな問題は、固定価格買取制度に対する遡及的な変更が行われることで、法的安定性が崩れることである。これに対しては、ストックホルム商工会議所など海外投資家が裁判に訴えている。再生可能エネルギー関連団体としては、二〇〇八年前にすでに電力赤字が発生しているにもかかわらず、再生可能エネルギー部門に対して、責任を押しつけられていると訴えている。

ＥＵの経済危機のなかで、スペインの経済危機は政府財政赤字の問題よりも、民間の住宅バブル、投資バブルによるところが大きかったが、前政権が電力料金値上げをしなかったつけは大きい。新政権は、国会での議決を経ないで勅令法を乱発して対応しているが、エネルギー関係への新規投資はすすまない。

何を学ぶか

以上のように、経済的困難にあるスペインの経験から、再生可能エネルギーに関連して学ぶべきことは、第一に、消費者・関係者への情報公開と透明性の確保の重要性であり、電力コスト構成、内容の詳細を示して、公衆の理解と討論を受け入れることである。

第二に、二〇〇八年のPVバブルなどを発生させてはならず、適切な価格設定と注意深い判断が再生可能エネルギー政策には求められているということである。したがって、ステップバイステップによる取組で、再生可能エネルギー産業の育成と再生可能エネルギー政策が極めて大切である。

スペインの事例は、再生可能エネルギーの大規模導入が技術的には、十分可能であることを示しており、問題は電力価格制度と全国的な電力網の管理である。

【参考文献】

荒井眞一・佐野郁夫「スペインにおける再生可能エネルギー導入の状況と課題」北海道大学『経済学研究』第六三巻第二号、二〇一四年　http://hdl.handle.net/2115/54574

（一七）　ドイツの挑戦――「脱原発とエネルギー大転換」の現状と課題（上）（下）

（二〇一四年八月一三日・一四日）

はじめに

サッカーのワールドカップにおけるドイツの優勝で、成熟国家としてのドイツが評価されているが、もう一つ注目すべきは、脱原発とエネルギー大転換を目指すドイツのエネルギー政策である。日本は、原発ゼロの現状であるものの、原発の再稼働が目標となり、ドイツでは、まだ九基が稼働しているが、二〇二二年には脱原発を目指すという対比も重要である。

しかし脱原発とエネルギー大転換は簡単に達成できるものではない。再生可能エネルギーの普及による卸電力価格が低下しても、電力代金は上昇するというパラドックスがなぜ生ずるのか、再生可能エネルギー利用が増加しているにもかかわらず、原発代替のために石炭火力発電所利用によりCO_2が増加するというパラドックスがどうして起きているのか。それを理解するにはドイツのエネルギーシステムの特徴を踏まえたうえで、現状と課題を明確にする必要がある。日本では、経団連が固定価格買取制度（ＦＩＴ）の抜本的見直しを要求するに至っているなかで、ドイツの再生可能エネルギーの成果と課題を正確に捉えておくべき段階にある。

図3-16　ドイツ政府の『第２回(中間)モニタリング報告：未来のエネルギー』

出所）ドイツ経済エネルギー省HP

再生可能エネルギー固定価格買取制度（ＥＥＧ）の賦課金の値上がりによる家計と産業競争力への影響が伝えられるなかで、問題を再生可能エネルギーとＥＥＧのみに焦点を絞るのではなく、ドイツが直面するエネルギー問題の全体、とくにエネルギーの安定供給や省エネなどの関連した問題と課題を正確に捉えて、そこから発生する諸問題を位置づけし、そのなかでＥＥＧ問題も検討する必要がある。つぎのような諸課題があると考えられる。

第一に、大目標としての脱原発と温室効果ガス削減（気候変動対策）と、そこから派生する第二の再生可能エネルギー拡大とエネルギー効率の向上が位置づけられる。第三に、再生可能エネルギー拡大とコスト問題を検討しなければならない。第四に、二大柱の一つであるエネルギー効率向上、断熱、交通分野が問題となる。

第五に、発電容量拡大と安定供給の問題がある。第六に、これと関連した送電網拡大問題、第七に、エネルギー大転換による環境システムへの影響を検討する必要がある。

そこで二〇一四年三月に公表されたドイツ連邦政府経済エネルギー省による『第二回(中間)モニタリング報告：未来のエネルギー』と同『専門委員会報告』を紹介しながら、ドイツの「脱原発とエネルギー大転換」の現状を明らかにしたい。必要に応じて、連邦ネットト庁のモニタリング報告二〇一三も参照する。

エネルギー大転換の目標　温室効果ガスを八〇―九〇%削減(二〇五〇年)

ドイツは二〇一〇年秋に決定した「エネルギー大綱」と福島原発事故後の二〇一一年九月のエネルギー政策によって、二〇二二年までの脱原発と二〇五〇年までに温室効果ガスを八〇―九〇%削減するという野心的目標を掲げ、「エネルギー大転換」(Energiewende)を実施している。

そしてエネルギー政策に関する対話、参加の調整を行うために、モニタリング・プロセスが位置づけられ、多くの統計データから評価を行い、三年ごとにモニタリング報告が出される。今回は二〇一二年に関する中間報告であり、二〇一二年一二月にも第一回中間報告が出されている。このドイツが行っている挑戦の現状を報告する。

専門家委員会報告が指摘するように脱原発と温室効果ガス削減が「エネルギー大転換」の主目標であり(第一章「エネルギー大転換の要素としてのモニタリング・プロセス」)、九基の稼働原発中六基を抱えるドイツ南部の発電容量を確保することは不可欠であり、温室効果ガス削減は不十分である。排出量取引以外の追加的手段が必要である。石炭火力発電に頼るのは避けるべきで、省エネは再生可能エネルギーよりも二倍の効果があるという（第二章「脱原発と温室効果ガス削減」）。

エネルギー大転換とエネルギー政策の三つのトライアングル（重要分野）は、環境保全、経済性、供給安定性である。供給安定性では、ヨーロッパレベルで発電容量メカニズム（待機電力料金を払う）をつくり、近隣諸国のネット利用を検討することが必要である。経済性では、EU市場での石油・ガスの価格上昇のなかで、EEG賦課金の増加による低所得層への影響を検討する必要がある。環境保全面ではエネルギー供給の中心がまだ在来火力発電と原子力であり、省エネと再生可能エネルギー拡大が重要である（モニタリング報告第二章「エネルギー大転換とエネルギー政策の三つのトライアングル」）。

エネルギー大転換の目標が二〇二〇年の温室効果ガス削減四〇％に対して（一九九〇年基準）、二〇一二年の実績は二四・七％であり、再生可能エネルギー電力比目標三五％に対して、二〇一二年の実績は二三・六五％であり、一次エネルギー比目標一八％に対して、二〇一二年の実績は一二・四％であった（モニタリング報告第三章「エネルギー大転換のモニタリングの量的目標と指標」表3・1）。

再生可能エネルギーの成果と課題　太陽光発電の買取価格は一三―一九円／kWh

焦点となっている再生可能エネルギーの現状について、モニタリング報告第六章「再生可能エネルギー」によれば、最終エネルギー消費の約半分を占める熱分野の再生可能エネルギーが、二〇〇〇年から二〇一二年にかけて四%から一〇%に増加した。

他方で、電力代金に上乗せされるEEG賦課金が二〇一三年には五・二七七セント/kWhとなったのは、卸電力市場が下がり、電力市場と買取価格との差が一六二億ユーロ(約二兆円)と拡大したためである。EEG2012改定によりコストは制限され、太陽光の買取価格が月ごとに逓減するようになった。数年前は三二・四三セント/kWhであったが、二〇一四年には九・四一一三・五セント/kWh(一三—一九円、一ユーロ=一四〇円)になり、太陽光の上限が五二GW(五二〇〇万kW)に制限された。さらに新EEG2014は、二〇一四年八月から実施される。

エネルギー大綱の目標値は相対値(%)であるので、省エネが進めば、一層達成しやすくなる。電力中の再生可能エネルギーの目標割合は、二〇二五年には四〇—四五%、二〇三五年には五五—六〇%である。

新EEG2014により電力コストは制限される。電力網拡大と対応させて、他の電力とのフレキシブルな対応を目指し、電力安定供給、EUとの統合を図るが、連邦政府はEEGへの補助はしない。現状は陸上風力が増加し、洋上風力は遅れているが、バイオガスは増えている。

電力多消費産業は再生エネルギー賦課金が免除　電力量の三〇%も

問題となっているEEG賦課金の免除は、特別調整規定によって電力多消費産業と鉄道に対して

と、自家消費が免除され、グリーン電力は二セント／kWh免除されている。この三つ全体で一五八TWhが免除されており、電力消費のじつに約三〇%に相当し、その免除分を家庭と他産業が負担している。

賦課金中の免除の比率は二〇一二年に〇・六三セント／kWh、二〇一三年に一・〇四セント／kWhの家庭と他産業の追加負担となる。産業の国際競争力を考慮して特別調整規定が設けられており、二〇一二年には七四三企業、二〇一三年には一七二〇企業が申請した。太陽光などの自家消費も賦課金は免除されてきたが、連立政権協議により新規の自家消費分も最少の賦課金支払をする方向である。

賦課金が上昇しているのは、スポット卸電力価格が低下したためで、賦課金と卸電力価格を合計すると約八セント／kWhとなり、増加はしていない。再生可能エネルギーによる卸電力価格低下というメリット・オーダー効果の特定は難しいものの、二〇一一年データによれば、〇・五六―一・一四セント／kWhの電力価格低下のうち、〇・八九セント／kWh程度あると推定されている。

再生可能エネルギーに関する専門家委員会の報告(第四章)によれば、EEGは焦点となっているが、エネルギー大転換では電気のみでなく、熱と交通分野全体が問題となる。EEG賦課金増加の二大要因は、卸電力価格低下と賦課金免除額の拡大のためである。再生可能エネルギーのうち、陸上風力と太陽光のベスト・ミックスが重要である。省エネが一〇%進めば、二〇二〇年における再生可能エネルギー電力比四〇％という目標は達成可能である。

再生可能エネルギーのコスト問題については、費用効果的な技術を開発し、将来は税金を使った支払を考えるのも一法である。EEG賦課金の高さのみを見ても不十分であり、賦課金が高くなったのは、卸電力価格の低下があったからである。CO_2税が入ると、卸電力価格が上がり、EEG賦課金は下がることになる。大量導入が問題となっている太陽光によるCO_2回避コスト（太陽光利用によるCO_2削減の経済的評価額）は、太陽光の賦課金よりも大きいのである。

エネルギーコストの問題　化石燃料の輸入は三・六兆円の減（二〇一二年）

エネルギーコスト問題については、モニタリング報告の第一一章「エネルギー価格とエネルギーコスト」、第一二章「エネルギー転換のマクロ経済効果」と専門家委員会報告第七章「エネルギー供給のコスト」が検討している。エネルギー価格の上昇は、エネルギー大転換のためだけでなく、国際市場の価格上昇のためである。電気代金の上昇は、賦課金、電力網代金の上昇のみならず、石油・ガス価格の上昇による。

他方で、石炭輸入価格は低下し、環境税であるCO_2価格は四・三二ユーロ／トンの低水準を記録した。電力の九三％は相対取引であり、卸電力価格の低下により、買取価格との差額を補償する賦課金が拡大し、家庭用電力価格二五・八九セント／kWhとなったが、そのうち賦課金を含む公租分が四五％を占める（二〇一二年の送電網代金は六・五二セント／kWh）。

電力価格は、イギリスとフランスが安いのに対して、ドイツは歴史的に高い水準であった。ドイツ経済の電力への支出は二〇一二年にはGDP比で二・五%であり、一〇%上昇した。

投資面を見ると、再生可能エネルギーと省エネへの投資は、エネルギー大転換の主軸である。再生可能エネルギー分野に全体で一九五億ユーロが投資されて、復興金融公庫による断熱への融資額は三五億ユーロに達した。化石燃料の輸入は二〇一二年には二六〇億ユーロ減少し、そのうち三分の一は省エネの効果による。雇用効果は二〇一二年で、再生可能エネルギー関係三七・七八万人、そのうち太陽光一九%、風力一六%であり、省エネ関係の雇用は四三万人である。

エネルギー効率向上　交通分野のエネ消費は増加

第四の課題として、二大柱の一つであるエネルギー効率向上・断熱・交通分野については、モニタリング報告第五章「エネルギー効率」、第九章「建物と交通分野」で扱い、専門家委員会報告第三章「省エネの取組」が評価している。

エネルギー政策の鍵となる要素のエネルギー効率は、二〇二〇年までに一次エネルギー消費を二〇%低下させ(二〇〇八年基準)、二〇五〇年までに五〇%低下させる目標である。このためには、エネルギー生産性を毎年二・一%増加させる必要がある。エネルギー効率性はエネルギーコストを低下させ、競争力要因となる。そしてエネルギー需要を減らし、安定供給に寄与する。産業分野のエネルギーの三分の二が金属・化学のプロセスの熱利用である。

政策的手段としては、税制、情報、コンサルタントなどのほか、追加的方策も検討する必要がある。建物と交通分野に関わるエネルギー問題について見ると、建物関係では六〇%が家屋の熱利用であり、商業用二九%、産業用は一一%である。家庭用熱消費は一〇年前よりも二五%減少している。炭素中立建物を二〇五〇年までに増やす指標をつくる。

なぜ、省エネがなかなか進まないのか? マクロ経済レベルと個人の最終エネルギー消費の両方で、情報も十分ではない。建物と交通分野が重要であり、インフラ整備と排出量取引の改善も必要である。リバウンドも起きている。CHP(熱電併給)はバイオ系と産業用で増えている。交通分野は二九%のエネルギーを消費しているが、交通分野のエネルギー消費は二〇〇五年から増え続けている。貨物輸送が七〇%増加したが、うち鉄道は一七%である(専門家委員会報告第五章)。

発電容量と安定供給　ドイツ南部の電力供給に不安残る

第五の課題である、発電容量拡大と安定供給の問題は、モニタリング報告第七章「発電所」によれば、再生可能エネルギーの変動に対応した在来火力によるフレキシブルなシステムが必要である。二〇一二年の発電量は、在来火力と原子力で七五%、再生可能エネルギー二五%であった。

発電容量は、在来が一〇二GW、再生可能エネルギーが七五GWであり、各州で異なり、在来火力発電はノルトライン州に多く、原発は南部に多い。安定供給は、ガス供給と冬の厳しさに依存している。専門家委員会報告第六章「供給安定性の発展」によれば、全体として発電容量の不足はないが、ドイツ南部に不安が残る。というのは、南部の原発が順次停止し、南部とマイン川流域も発電容量不足の可能性があるのは、冬季がピーク需要になるからである。

送電網の拡大が不可欠である。ヨーロッパ規模のグリッドの利用も重要である。国内ではもともと一八五五㎞の計画に対して、一五％の二六八㎞しかできていない。電力需要のピーク時電力代金を高くするピークチャージは負担を減らす効果があり、電力ネットとガスネットとの結合が進行中である。

第六の課題である、送電網拡大問題について、モニタリング報告第八章「ネットワーク登録と拡大」が検討している。電力網への投資は、操業への投資を毎年二六―四〇億ユーロ、メンテナンスに三一億ユーロを行っている。再生可能エネルギーの自家消費が増加し、賦課金を免除しているが、送電網の負担も免れている。送電網の拡大が計画通りすすまないなかで、電力の荷重負荷が発生している。

仏に一一・一TWhを輸出、仏から二・四TWhを輸入（二〇一二年）

ドイツの電力輸出入は拡大し、二〇一二年には二三TWhを輸出している。二〇一二年にはドイツからフランスへ一一・一TWhが輸出されたのに対して、フランスからドイツへは二・四TWhが輸入された。

四大電力会社の発電比率は低下し続け、二〇〇八年の八五％から二〇一二年には七六％となった。

再生可能エネルギーを含めた発電容量は、四大会社分で五〇%を切り、四六%となった。分離された四送電会社のなかで、TenneTは、市民の投資を受け入れ、五%の利子を支払うスキームをシュレシュリヒ・ホルシュタイン州で検討し、送電網の受け入れ拡大を図っている。

専門家委員会報告第五章「エネルギーシステムの環境影響」が独自に検討している問題は、石炭火力による大気汚染問題、放射性廃棄物問題、太陽光と風力による土地利用、エネルギー作物による土地利用である。一〇%の土地が影響を受け、そのうち三分の一がエネルギー作物による影響である。シェールガス採掘によるフラッキングにも注意を喚起している。

むすび

ドイツでモニタリング報告と専門家委員会報告が作成公表されているのは、福島の事故後、二カ月を経て作成された政府の「安全なエネルギー供給に関する倫理委員会」報告(二〇一一年)において、政府が脱原発の進展状況をモニタリングして報告するように提案したからである。脱原発と「エネルギー大転換」を成し遂げるためには、参加と透明性の確保が不可欠であり、その評価の基礎データを提供するものとなっているのである。

野心的な目標を掲げ、凸凹があっても、経過をモニターし、公開性を高め、国民の参加をすすめることが、一見手間がかかるとしても、重要なプロセスなのである。

【参考文献】

Bundesministerium für Wirtschaft und Energie, Zweiter Monitoring-Bericht „Energie der Zukunft“ http://www.bmwi.de/BMWi/Redaktion/PDF/Publikationen/zweiter-monitoring-bericht-energie-der-zukunft,property=pdf,bereich=bmwi2012,sprache=de,rwb=true.pdf

Expertenkommission zum Monitoring-Prozess „Energie der Zukunft“ Stellungnahme zum zweiten Monitoring-Bericht der Bundesregierung fuer das Berichtsjahr 2012 http://www.bmwi.de/BMWi/Redaktion/PDF/M-O/monitoringbericht-energie-der-zukunft-stellungnahme,property=pdf,bereich=bmwi2012,sprache=de,rwb=true.pdf

四　北海道のエネルギー環境問題

（一）泊原発、無条件の営業運転開始を容認すべきではない

（二〇一一年八月一九日）

いま、全国的に注目されているのが、北海道電力泊三号機の営業運転開始問題である。二〇一一年三月一一日以降、正式に営業運転の許可を受けて稼働する日本ではじめての事例となるからである。そこで、私が代表となった、北海道の研究者五〇名による緊急声明を引用しながら問題の所在を指摘する。

三月一一日に発生した東日本大震災による東京電力福島第一原子力発電所の事故は、いまだに収束せず、放射能被害の大きな広がりが確認されてきている。全国に五四基ある原子力発電所は、福島第一原子力発電所と同じく海岸に立地し、地震と津波の影響を大きく受け、一度事故が起きると、その被害範囲が大変大きく、致命的になることが明らかとなった。「原発は安全」としてきた日本の原子力発電所の安全性が、具体的に厳しく問われているのである。

北海道に立地する北海道電力泊原子力発電所は、一号機と二号機が稼働から二〇年以上たち、三号機は二年以上になる。この間一九九三年には北海道南西沖地震が起き、泊発電所もその影響を受けた。また、近くの日本海沖には、活断層群の存在も指摘されている。北海道電力は事業当事者と

して、これらの事態と指摘事項に対して、真摯に情報開示と解析を行い、北海道民を納得・安心させる責務がある。第三者機関による調査・検証が是非必要である。

北海道電力と北海道、泊村、共和町、岩内町、神恵内村との間には、「泊発電所周辺の安全確保及び環境保全に関する協定書」(一九八六年、その後、三度改定)が結ばれ、第一四条には、「原子炉の一時停止」を含め措置を求めることができるとされている。しかしこの協定書は、北海道と地元関係四町村しか含まれておらず、福島第一原子力発電所の事故に見られるように、六〇㎞離れた福島市でも深刻な影響が見られることを考えると、地元の範囲をより広くとることが必要となっている。

二〇一一年三月七日に試験運転を開始した北海道電力泊原子力発電所の三号機は、最新鋭の原発ではあるが、プルサーマル使用炉であり、五カ月以上の調整運転を続け、営業運転を始めようとしている。しかし三月一一日に発生した地震・津波とそれによる東京電力福島第一原子力発電所の事故の発生は、これまでに安全とされてきた原子力発電所が巨大な放射能汚染の発生源となることを如実に示し、直接近隣周辺のみならず影響を受けうる広範囲の住民に大きな不安を与えている。

これに対して、北海道電力は、泊発電所の緊急安全対策(四月二二日、五月二日補正)を公表し、さらに「安全性向上対策」を示しているが、そのなかで、発電所外部からの電力供給信頼性向上は四年程度を目途、移動発電機車の追加配備は二年以内、海水ポンプ電動機と代替海水取水ポンプの確保は二年以内を目途、電気設備の浸水対策の実施は四年程度を目途、発電所内水源の信頼性向上は四年以内を目途、安全上重要な機器が設置されたエリアの浸水対策などは三年以内を目途、などを公表している。

しかし、日本列島が新たな地震活動期に入った可能性のあるなかで、これらの対策は、いずれも緊急度が高いにもかかわらず、二年から四年を目途としての対策であり、電力会社の年度ごとの予算制度に従った緊張感の欠如した緩慢な対策であるといわざるをえない。

一方、北海道知事は、「原子炉の一時停止」を含む安全協定の重要な当事者であり、三月一一日以降の事態を受けて、北海道電力の対応と対策案に対して積極的に情報開示と、対策の前倒しを要望すべきであり、また地元関係四町村の範囲の見直しを図るべきである。北海道電力泊原子力発電所三号機の正式な営業運転開始は、三月一一日の事故以来、日本で初めてのことであり、今後の前例ともなることを考えると、従来の形式的な検査適合性以上の判断と厳しい安全運転条件が求められる。したがって無条件の営業運転開始を容認すべきではない。泊原発の安全確保手段の具体的スケジュールと八〇―一〇〇km圏内を視野に入れた避難計画を直ちに作成すべきである。

以上のように、私たちは北海道電力泊原子力発電所三号機の営業運転開始にあたり、五つの条件（情報公開と第三者検証、地元の範囲の拡大、対策の前倒し、安全確保の具体的スケジュール、広範囲の避難計画作成）を提示し、関係各方面に真摯に検討するよう、提案したのである。

全国的に見ると、福島第一原子力発電所の事故を受けて、その原因究明と抜本的な基準と対策強化が必要であり、それまでは原子力発電所の再稼働を認めない新潟県の対応などもある。泉田新潟県知事が再稼働の前提としてこだわるのは、福島第一原発事故の原因究明と検証である。「津波による電源喪失だけが原因なのか。地震による配管破断はなかったのか。迅速にできなかった炉心溶融（メルトダウン）を防ぐ海水注入は、今度事故があったら誰が決定権を持つのか、何も分からない」（『北海道新聞』二〇一一年八月七日付）という。

三月一一日の事故発生から、何を教訓として引き出して、これから定期検査が続く全国の原子力発電所の再稼働の条件とするのか、明確な方針が必要である。

【参考文献】

「緊急声明　北海道電力泊三号機の「無条件の営業運転開始」は容認できません」二〇一一年八月一五日　http://www.hucc.hokudai.ac.jp/~q16628/statement20110815.pdf

(二)　北海道から再稼働の条件を考える(二〇一二年四月一六日)

二〇一二年五月五日の北海道電力泊原子力発電所三号機の定期検査による停止の前に、関西電力大飯原子力発電所三号機、四号機の運転を再稼働させる動きが急である。

そもそも二〇一一年三月七日に定期検査終了直前の調整運転に入った泊三号機は、三月一一日の福島の事故を受けて、総点検のために、いったん運転停止すべきものであった。それがそのまま運転を続け、八月になり、営業運転を認めるという事態になった。

そこで、私ども北海道の研究者五〇名は、緊急声明を出して、運転にかかる五つの条件を明らかにした(二〇一一年八月一五日)。とくに、周辺の活断層の調査、第三者評価、地震と津波対策の前倒し、避難計画と範囲の大幅な見直しと拡大を求めた。これらの条件は、現在に至って、ますます重要になっていると考える。

そこで、現時点に立って、国、北海道、北海道電力の三者の役割と果たすべき義務に関して再提案したい。まず、国においては、福島の事故を防ぐことができなかった、これまでの原子力規制、避難計画、そして当時の事故への対応と情報公開の不備について、総点検し、規制体制と基準の見直しと出直しが必要不可欠である。にもかかわらず、事故から一年以上たっても、国の事故調査・

検証委員会の正式な報告書は出されず、政府の各関係対策会議の議事録も作成されていない事実が明らかになった。

さらに、新たな原子力規制庁も発足せず、事故を防ぐことができなかった原子力安全・保安院と原子力安全委員会がそのまま残った状態が続いている。福島の事故の重大性は、同じ基準と体制で運転が許されてきた日本の原子力発電所四八基(五四基マイナス福島第一原発六基)が、同じリスクにさらされているという事態である。

三月一一日当日、すでにメルトダウンが起きていたにもかかわらず、それを認めず、避難指示が遅れ、「直ちに健康に影響はない」と国民に繰り返してきた官房長官の言説が、SPEEDIの情報公開の遅れと相まって、福島原発周辺の自治体の避難を遅らせ、放射能被ばくを拡大させた責任は非常に大きい。

その責任者の官房長官が現在、産業経済大臣となり、原子力規制・基準・規制体制の改革が実質上、何も行われていないにもかかわらず、「即席の基準」で原発再稼働に動いていることは、まことに異常というほかはない。

いわば、事故を防ぐことができなかった「戦犯」が、その責任を問われることなく、また体制を変えることなく、まるで事故がなかったかのように、「再出発」「再稼働」に動いているのである。大飯原発三号機、四号機の再稼働の条件が、そのまま他の原発の再稼働の条件になる恐れがある。だからこそ、大飯原発の再稼働を突破口にしようとしていると見られる。

国会の事故調査委員会で斑目原子力安全委員長が証言しているように（二〇一二年二月一五日）、従来の安全審査指針類に瑕疵があり、立地審査指針の基準も抜本的な見直しが必要であり、炉心溶融などの過酷事故の規制強化が必要なことは明白である。

そこで、国全体では、第三者性の高い原子力規制庁を設立して、新たな体制で、安全基準をつくり直して、過酷事故対策、全電源喪失対策、避難に関わる基準と指針の厳格な設定と実施が必要不可欠である。それに基づいて、全国の原発の総点検を、ストレステスト（第二次評価）などを含めて行うべきである。これらは、大阪府市統合本部のエネルギー戦略会議からもすでに提案されている（二〇一二年四月一〇日）。

つぎに行政機関として、都道府県、とくに北海道の果たすべき役割について指摘したい。北海道電力は、北海道、後志管内泊村、共和町、岩内町、神恵内村との間で、「泊発電所周辺の安全確保及び環境保全に関する協定書」（一九八六年、三度改定）があり、その第一四条に、北海道は「原子炉の一時停止」など適切な措置を求めることができるとなっている。しかし、この協定書は北海道と地元四町村しか含まれていない。

福島の事故から明らかなように、放射能の直接の影響は、福島市や郡山市など六〇㎞以上の範囲に及び、さらに八〇―一〇〇㎞以上にも影響があった。泊原発から真東の手稲山まで六〇㎞の人口二〇〇万人に近い札幌市も、当然、避難計画と「地元」の範囲に入るべきである。

とくに、北海道は各自治体と協力して防災避難計画の策定・実施に力を注ぐべきである。また、地元の要請の強い避難路の確保拡充、現在原発から二㎞の至近距離にある、オフサイト・センターの立地と設備の再検討が急がれるべきである。豊かな自然と第一次産業を基礎とする北海道にとって、放射能汚染の防止は、何よりも最優先課題である。

三基の原子力発電炉を有する北海道電力は、福島の事故を受けて、地震・津波への対応として、以下の対策を行うとしている。

㈠ 発電所の外から電力を供給できるようにする↓二〇一五年目途
㈡ 移動発電機車を追加配備する↓二〇一二年目途
㈢ 電動の海水ポンプと代替海水取水ポンプを確保する↓二〇一二年目途
㈣ 電気設備の浸水対策の実施↓二〇一五年目途
㈤ 安全上重要な機器が設置されたエリアの浸水対策↓二〇一三年目途

このほか防潮堤の建設(二〇一四年)なども加えている。

しかし、これらの対策には、福島第一原発では設置していたベント(フィルター)、免震対策本部などは含まれておらず、原子力安全・保安院が指示している周辺活断層の調査と再評価も入っていない。

とくに、福島第一原発で最悪シナリオ作成の根拠となった使用済み核燃料の貯蔵状況については、すでに一号機、二号機は満杯に近く、三号機に移している。これらは格納容器に入っておらず、その冷却と地震・津波対策、電源確保についての情報開示が不十分である。泊原発に関わる放射能のリスク管理のうえで、最大の問題である。

つぎに泊原発の再稼働問題については、一号機、二号機のストレステストは、第一次評価のみであり、テロ対策や過酷事故対策を含む第二次評価は提出されていない。また原発ゼロのケースも含めた電力需給の見通しについても公表されていない。とくに、関西電力が大阪府市の要請に基づいて開示した、電力需給見通し、設備状況、需給調整契約、燃料代とコスト、人件費に関わるデータ、広告や寄付金についてのデータは、北海道電力においては開示されていない。

北海道電力は、原子力発電以外の電源について、天然ガス火力発電所は、石狩新港に立地予定計画（一六〇万kW）を明らかにしているが、再生可能エネルギーについては、五％の枠にこだわり（七四〇万kWの発電容量に対して三六万kW）、二〇万kWの追加枠もあくまで東京電力との試験運用であるという。

その二〇万kWの枠に対して、一八七万kWの風力、九〇万kWの太陽光発電の応募があった。それだけ合計しても、二七七万kWとなり、原発三機分の容量を超える。再生可能エネルギーの稼働率を仮に三割程度と計算しても、九〇万kWの電源が得られる。そのための送電線の拡大に、道内では二〇〇〇億円、本州との接続に五〇〇〇億円もかかるという試算が示されているが、詳細は不明である。根拠の不明確な計算で、再生可能エネルギーの高コストが強調されていると疑われかねない。

関連して、後志管内京極町に建設中の揚水発電所（二〇万kW×三機）は当初、泊原発との連系運用を想定されていたが、その運用方法についても情報開示が遅れている。風力や太陽光の変動負荷対

図 4-1　停止中の北海道電力泊原発

注）左から 1 号機，2 号機，3 号機。
出所）吉田文和撮影

策用としても揚水発電所の位置づけが可能であるはずである。そうすれば、五〇〇〇億円もかけて本州に送る必要性は低くなる。

国としてのエネルギー基本計画が不透明で、原発の増設が見通せないなかで、泊一号機、二号機はすでに運転開始から二〇年近くたち、法定上の減価償却はすでに済んでいる。二〇五〇年の日本と北海道を想定した場合、人口減少が予想されるなかで、エネルギー需要の増大ではなく、減少傾向が考えられる。泊原発三号機が今後四〇年近く稼働するとしても二〇五〇年には原発ゼロになる。そして、それが日本最後の稼働原発になる可能性もある。したがって、(一)省エネルギーの可能性、(二)天然ガス火力発電の利用、(三)再生可能エネルギーの拡大、について、短期・中期・長期にわたる計画を広く、熱エネルギー利用を含めて北海道レベルで検討する必要がある。

そのために、北海道がイニシアティブをとり、北海道エネルギー環境戦略会議を是非設置し、広く公開して意見を求めて、将来の様々な可能性について検討すべきである。五月五日の子供に日に、泊三号機がいったん停止する意味はそこにある。

【参考文献】
泊発電所における安全対策の取り組みについて　http://www.hepco.co.jp/earthquake/index.html

(三) 北海道から原発ゼロで乗り切ろう(二〇一二年五月七日)

二〇一二年五月五日に北海道電力泊原子力発電所三号機が停止し、日本はいったん、原発ゼロの状態になる。原発ゼロでこの夏を乗り切ることができるのか。そこで、全国で今夏の電力需給を検討する政府の「電力需給検討委員会」が開催され(二〇一二年四月二三日)、電力会社の需給見通しに基づく全国見通しが公表された。

それによれば、二〇一〇年並みの猛暑の場合、供給力が最大需要を下回るのは、北海道、関西、九州の三電力で、関西は一六・三%と大幅な不足となる一方、東北電力は二・九%、東京電力は四・五%の余剰が見込まれるという。

とくに、北海道は節電しても八月は、需要に対して三・一%不足するとの試算である。北海道電力は、「今夏の需給見通しについて」(二〇一二年四月二三日)を公表し、「泊発電所一号機、二号機の再起動がないとした場合、今夏の供給力は、現在対応中の方策が実現した場合でも四八〇万kW程度にとどまり、猛暑だった一昨年の最大電力を想定した場合、供給予備力が二〇万kW程度マイナスになる見通し」であるので、「泊発電所一、二号機の早期再起動について、ご理解いただきますようお願いいたします」としている。

第一に指摘しなければならないのは、電力供給の問題と原子力発電所の再稼働問題をいったん切り離す必要があるということである。需給が厳しい関西電力は一六％の不足が見込まれるというので、それを根拠に大飯原発三、四号機の再稼働問題が起きているが、たとえ大飯原発三、四号機が再稼働しても八％の不足になるという計算も出されている。

したがって、原発の再稼働は、この問題の根本的解決にならず、かえってリスクを高めるという世論と不安が当然のごとく起きている。福島の事故から一年以上たっても、事故調査・検証委員会の報告も公表されず、独立の原子力規制庁もできず、新しい規制と基準も実施されていない。事故を起こした福島第一原発では、かろうじて設置していたベント装置と免震対策本部もないままに、「即席の基準」で、その他の原発も再稼働というのは許されないという世論は強い。北海道においても、泊原発周辺の活断層問題の再評価が必要であり、避難計画、地元の範囲の見直しなども行われていない。また、停止しても、使用済み核燃料の保管問題がリスクとなるので、対策が必要である。

第二の課題は、北海道の場合、冬(夕方)に電力需要のピークが来るので、原発からの電力がない場合、それにどう対処するかがより重要であり、「本丸は冬」なのである。そのために、北海道電力も苫東厚真火力発電所四号機(七〇万kW)の補修を、冬に入る前までに終える計画であるが、北海道電力の今回の需給見通しでは、二〇一〇年の夏の猛暑の場合、四八五万kW程度の供給力にとどまり、三％程度の二〇万kWが不足するという予測が出されている。

しかし、じっさい猛暑とされた二〇一〇年夏の実績を精査すると、需要が四八五万kWを超えたのは、合計四八時間であった。この四八時間のピーク電力を賄うために、はたして原発の再稼働が是非必要であるというのであろうか。そもそも二〇一一年の北海道電力の節電率は二〇一〇年と比べ四％にとどまり、東北電力の節電率二〇％、東京電力の節電率一八％と比べ大きな差が見られる。北海道電力の場合、二〇一一年から二〇一二年にかけて、本州に六〇万kWを送電していたので、稼働していた泊原発三号機（九〇万kW）は実質的には本州向けに機能していたと見られる。

したがって、北海道でも、本州なみの節電対策をとれば、この夏はもちろん、「本丸の冬」に備えた原発ゼロ・シナリオが可能となる。「スマートな節電」対策としては、ISEP（環境エネルギー政策研究所）が提案しているように、以下の政策を総合的に行うことである。

（一）需給調整契約：ピーク時など需給が逼迫した場合に瞬時切断、あるいは事前通告により切断する契約。

（二）デマンドレスポンス：時間別使用電力を検討できるメーターが設置された需要家に対して開始する。時間別料金メニューや、ピークシフトを行った際のリベートメニューの導入。

（三）ピーク電力料金：ピーク時間帯に料金を上げて節電およびピークシフトを促す。

（四）節電への割引：北電から提案されている。

他方で、冬場の供給力増加のために、追加対策として以下の政策がある。

（一）自家発電追加

(二)　他社融通追加
(三)　再生可能エネルギー
(四)　他地域電力会社への切り替え

今から、冬に備えた本格的な準備をすることである。

第三に、北海道は二〇年前までは原子力発電所はなく、原子力発電所ができてから、電力需要が急速に伸びてきたのである。原発は夜間に電力が余剰になるので、「オール電化」がすすめられ、電気暖房も増えた。トイレシャワーや、IT家電、自販機も普及した。こうした電気に依存した日常生活の見直しを行うチャンスであり、節電できれば、電気代の節約になるのはいうまでもない。

とくに北海道の場合、一次エネルギーに占める原子力の比率は八％にすぎず、圧倒的に石油、石炭、ガスなどの化石燃料によって、暖房と自動車燃料が賄われてきたのである。電気以外による暖房、ガス、木質バイオマスの利用、再生可能エネルギーの抜本的拡大、熱電併給の促進などで、北海道経済の活性化と地域雇用の増加を見通すことができる。

したがって、この電力危機を道民の協力で乗り切ることができれば、北海道に新たな展望が切り開かれることは間違いない。危機を転じてチャンスとすることができるかどうか、それは道民の知恵と努力にかかっている。

(四) 泊原発見学記(二〇一二年六月一八日)

大飯原発三号機、四号機の再稼働が予定されているなかで、これに続いて再稼働が検討されているのは、ストレステストの一次評価を終えた四国電力伊方原発三号機と、北海道電力泊原発一号機、二号機である、と報道されている(『日本経済新聞』二〇一二年六月九日付朝刊)。

原発の再稼働は、電力不足の問題とは別であり、一にも二にも安全性の確保が大前提である。しかしながら、福島の事故に関する政府と国会の調査報告書が正式に出されていないにもかかわらず、政府は事故を防ぐことができず、信頼を失った原子力安全・保安院がまとめた三〇項目の「技術的知見」なるものの一部を使って即席の「安全基準」をつくり、「安全は確保された」として、再稼働に向かっている。

しかも、福島の事故の経験を踏まえた、事故になった場合の避難計画、防災計画、公衆の被ばくを防ぐ対策強化と見直しは、ほとんど立てられていない。これでは、安全装置なしで落下傘降下しろというに等しい、国民を危険にさらす冒険である。

北海道においても、冬の夕方のピーク電力を賄うためには、一〇%の電力が不足であるとされ、泊原発の再稼働を北海道電力は準備・要請している。泊原発の再稼働問題も基本的には、大飯原発の再稼働と同じ問題を抱えている。原子力の型もＰＷＲ（加圧水型炉）であり、一号機、二号機は運転開始から二〇年以上経過している。北海道電力は、福島の事故を受けて、以下のような対策をとるとしている。

（一）発電所の外から電力を供給できるようにする（発電所外部からの電力供給信頼性向上）。二〇一五年を目途。

（二）移動発電機車を追加配備する。二〇一二年を目途。

（三）電動の海水ポンプと代替海水取水ポンプを確保する。二〇一二年を目途。

（四）電気設備の浸水対策の実施。二〇一五年を目途。

（五）安全上重要な機器が設置されたエリアの浸水対策。二〇一三年を目途。

（六）防潮堤の建設。二〇一四年を目途。

今回、北海道電力泊原発を実際に見学して（二〇一二年六月六日）、福島の事故を受けての対策を中心に問題点と課題を明らかにしておきたい。まず、発電所の構内に入り、海抜一〇ｍレベルの構内道路が海側にある。道路のすぐ海側下には、冷却用の海水取水口がある。三機の原発の立地は、後背地（八五ｍ）が迫っており、問題となっている近くの活断層による地震が起きた場合、送電線、開閉所の損傷のリスクがある。送電線は二系統あるが、開閉所は一つである。

泊原発の安全対策は、狭い意味での電源と冷却水の確保に重点があり、とりあえず「冷温停止」にもっていくことに主眼が置かれている。大飯原発と同じように、免震重要棟は二〇一六年三月を目途とされるが、ベント(フィルター付き)設置見通しは不明確である。

現在、海抜一〇mレベルの構内道路を一六mにかさ上げして、防潮堤にするという計画が立てられているが、一六mで十分な高さであるという根拠が不明確であり、外側にある防潮堤はそのままである。

とくに、一九九三年の北海道南西沖地震の際の影響や対策についての情報開示が不十分である。当時、「引き潮」の影響で、冷却水が取水困難になったといわれる。現在「引き潮」対策は「原子炉停止」とされており、その後の除熱対策が不明確である。また、電源と水の確保の要となる、非常用電源確保、移動発電機車などの燃料の確保、場所、量が不十分である。

使用済み核燃料の貯蔵プールは、原子炉建屋の隣にあるが(三二mレベルで一二mの深さ)、すでに一号機、二号機のプールは満杯であり、電力と耐震性の確保が課題である。再処理の見通しが立たないなかで、停止中でも、より安全な使用済み核燃料の貯蔵方法、場所(乾燥中間貯蔵)が検討されるべきである。

福島事故の大きな教訓は、原発事故による地域防災計画が不十分であり、避けられた「住民の被ばく」があったという問題である。泊原発に関していえば、免震重要棟はなく、原発構外二㎞にあるオフサイト・センターの北海道原子力防災センターは海抜四mのレベルであり、福島級の地震と津波に耐えられる防災拠点はなきに等しい。

しかも泊原発の主要出入口は一つであり、それに接続する雷電国道(二二九号)は一つしかなく、渋滞が起きる。また泊村から山側への避難路の道道三四二号、五六九号、八一八号は行き止まりでである。これらの三つの道道をつなぐ道道泊共和線の完成予定は総工費二五〇億円をかけて一〇年先であるという。

電源三法立地交付金が地元自治体にこれまで三〇〇億円以上交付されてきたといわれるが、肝心の防災対策にはほとんど使われていないのである。

以上のように見てくると、泊原発の再稼働の条件はとても整っているとはいえない現状である。札幌の手稲山から西方六〇㎞に立地する泊原発で事故が発生した場合には、道央全体が大きな影響を受けることは間違いない。一〇%の節電によって原発ゼロで乗り切る計画が大切である。

(五)　再生可能エネルギーの現場(上)　風力編(二〇一二年六月三〇日)

再生可能エネルギーの固定価格買取制度(FIT)が二〇一二年七月から開始されるにあたり、自然エネルギー利用の実態について、北海道の風力とバイオマスについて調査を行った。この間の成果と課題を明らかにし、FITの本格的実施にあたり、解決すべき問題を指摘したい。

現在、北海道内の風力発電機は二八〇基、総発電出力が約二九万kWである。環境省の風力資源賦存量調査によれば、現在の北海道電力の設備容量七四〇万kWをはるかに上回る風力資源が利用可能である。地域別の既設設備は、北の宗谷岬から稚内市七四基七・六万kW、日本海側の幌延町三〇基二・一万kW、苫前町四二基五・二万kW、寿都町一一基一・六万kW、せたな町八基一・三万kW、江差町四〇基四万kWである。また、根室市一〇基一・三万kWである。このうち出力が大きいのは、民間のユーラスエナジー系の宗谷(一〇〇〇kW×五七)、苫前(一〇〇〇kW×二〇)、伊達(二〇〇〇kW×五)と電源開発系の苫前(一五〇〇kW×五、一六五〇kW×一四)、せたな(二〇〇〇kW×六)である。町営風力は、寿都町、苫前町、せたな町、上ノ国町などと、第三セクターの幌延町、江差町である。そのうち道南の寿都町は町営の風力発電事業で一〇年以上の実績をもち、収益を上げている。片岡寿都町長によれば、次のような教訓があるという。

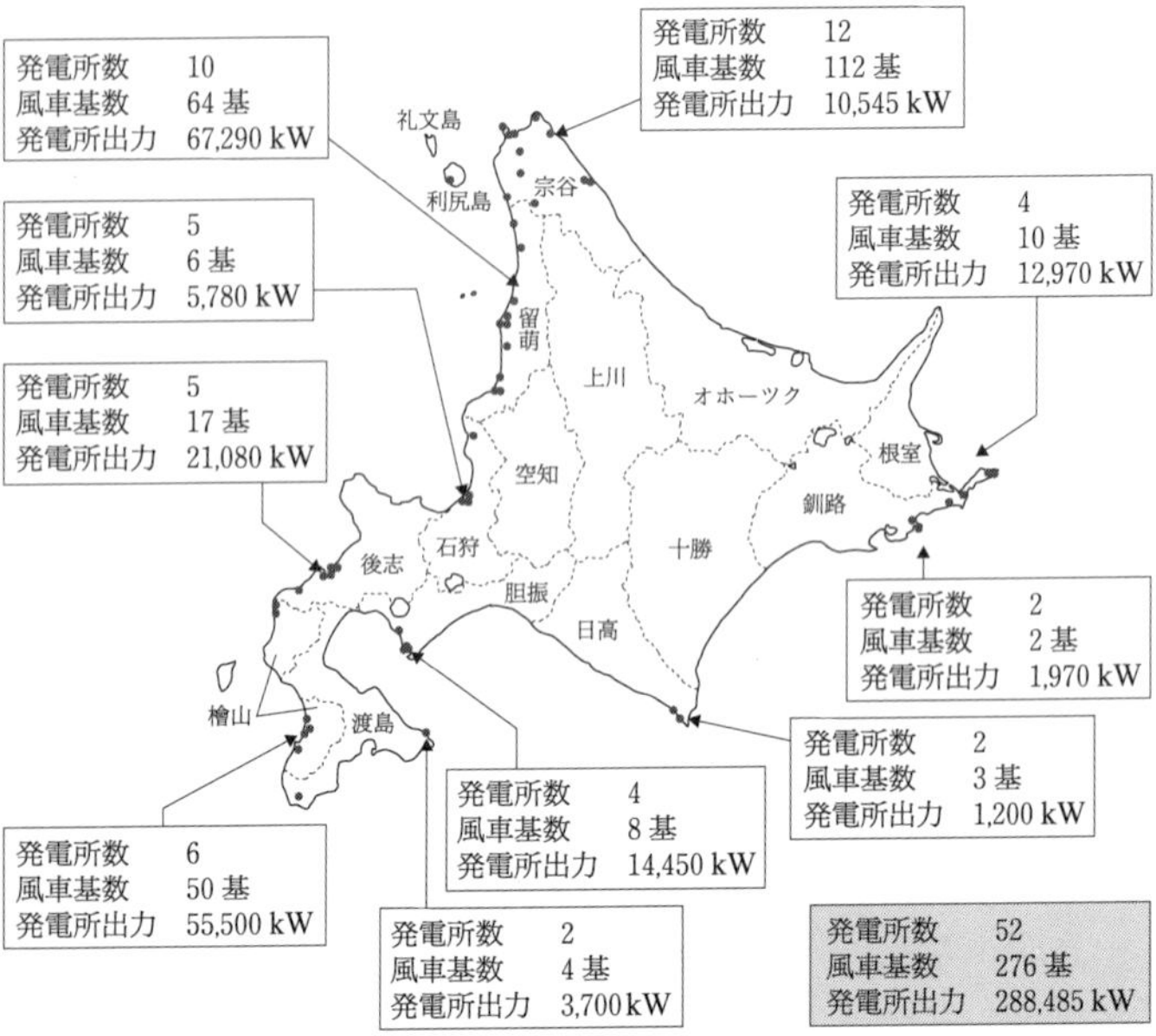

図 4-2　振興局別設置状況(平成 24 年 3 月 31 日現在)

出所）北海道経済産業局 HP

ステップバイステップ

町独自のシミュレーションで事業性を調査し、はじめの失敗(一九八九年)の後、「ゆべつの湯」で小規模実証を行い、そして三機の大型風車、プラス七機へと拡大した。

財源を得るための事業性

町は財政危機、道立病院移管問題を抱えるなかで、収益を得る風力発電事業として検討した。四六億円の事業規模、一万kW以上の発電規模で、補助金をうまく使い、三年の返済猶予期間で基金をつくり活用する。年間二億円から八〇

図 4-3 寿都町の町営風力発電所

出所）吉田文和撮影

○万円規模の一般会計繰り入れを行う。固定資産税は減っていくので頼れないし、地方交付税を減らされる。

地元資源を活用する

冬の風だけでなく、春から夏の風(出し風)を使う。従来は地域の障害とみなしていた風を、再生可能エネルギーとして道内で使う。自然資源なので、年ごとの変動はある。

高価だが信頼性のある発電設備を選ぶ

高価だが信頼性のある、歯車のないギアレスのドイツのエネルコン社の設備を電力会社と日立から紹介され、それを使い続ける。

電力会社との直接交渉の重要性、北海道の姿勢も重要

風力設備や受け入れ枠問題で、北海道電力と直接交渉を行う。今後の課題として、送電線の設備増強、既設風力発電設備のＦＩＴの継続の課題、安定化対策としての蓄電池設置問題などがある、という。

これに対して、日本でも唯一営業運転中の洋上風力発電、道南のせたな町洋上風力発電（風海鳥）は、ベスタス社製で港から船で一〇分かかり、メンテナンスに手間もかかる。風は強く、平均一〇㍍/sは出て、平均設備利用率は三四％である。

売電収入は三三〇〇万円／二〇一〇年度だが、起債償還費用がそれを上回り、三四〇〇万円程度かかる。さらに修繕費用（一一〇〇万円）、委託料（三七〇万円）、損害保険料（二二〇万円）などがかかり、年間一〇〇〇万円の赤字となる。ＦＩＴが適用され、売電価格が一五―一八円／ｋＷｈとなれば、なんとかバランスがとれる状況である。ただ、今回のＦＩＴでは独自の洋上風力評価がなく、二〇％の設備利用率で計算し、かつ設備コストは低いという評価となっている。

二〇〇四年以来の運転によって、評価点としては、（一）地域資源として利用、夏も「やませ」が吹く、（二）観光教育資源、（三）民間の風力発電を促進する、などの意義がある。これに対して、課題は、（一）事業性の見込みが甘い、（二）設備の出力が小さく、ギアレスなどへの対応が必要、（三）洋上風力は基礎工事に費用がかかり、かつ修理コストもかかる。

一方、一〇年以上の操業を続けてきた道北の苫前町の町営三基と電源開発の苫前ウインドヴィラ（一九基）で成果と課題を聞いた。共通して、いくつかの「想定外」の問題が発生している。

第一は、風況の問題であり、設備利用率が当初の予想よりも低いことである（町営予想三〇％、実際二〇％）。事前の調査が必ずしも十分でなかった。

第二は、設備と発電機がよく故障し、修理や入れ替えが必要となり、クレーン作業も伴ってコスト増加につながる。ギアレス発電機の優位性が明らかになりつつある。

第三は、バードストライク(鳥の衝突)の問題であり、とくに海岸近くの立地は、当初調査の予測を超えた事例が発生した。

地元経済と雇用との関係では、風車の台数と規模がより大きくなれば、通年雇用の可能性が生じ、売電以外のプロジェクト、例えば風車による水素燃料製造で、それを地域で使うなど、自然エネルギーのさらなる「見える化」と住民参加をすすめる必要があるという。

まとめとして、自然エネルギー利用とＦＩＴとの関係では、既存設備分についてもＦＩＴを適用していくことは、大変重要であり、新設二二円／ｋＷｈに対して、これまでの補助金額を補正して、一五—一八円／ｋＷｈで買い取られれば、風力発電の継続性に対して、重要なインセンティブとなる。

とくに、北海道電力が二〇万kWの新規枠を募集したのに対して、一八七万kWの応募があり、潜在的に風力資源と事業者が多数存在していることを示している。自然エネルギーの優先接続を保証していくうえで、送電線の整備と安定化対策が不可欠であり、電源三法積立金の利用や北海道と本州をつなぐ北本連系線の拡充が必要である。ＦＩＴによる価格インセンティブとともに、国のエネルギー政策による再生可能エネルギーインフラ整備の公共政策が重要となっている。

(六)　再生可能エネルギーの現場(下)　バイオガス編(二〇一二年七月二日)

バイオガスとは、家畜糞尿や生ごみ、飼料作物を、原料として回収・利用し、発酵させてメタンガスを発生させる。そのガスで発電機を動かし、発電するとともに廃熱を暖房などに使う。メタンガスが出た後の消化液は、良質の液体肥料(液肥)として、牧場や農場に利用できる。ドイツでは、約六〇〇〇基、デンマークでは約七〇〇〇基が普及している。両国の再生可能エネルギーは、風力発電とともにバイオマスが重要な柱となっている

北海道内には約五〇基を超えるバイオガス・プラントが設置されてきたが、実際に稼働しているものは多くはない。もともとプラント導入の目的は、(一)悪臭汚染対策、(二)環境汚染対策、(三)水質汚濁対策、(四)電気の自家利用、(五)熱の自家利用、(六)売電、(七)消化液の自家利用、などの多目的であり、売電自体の位置づけ、重要度は必ずしも高くない。その現実を踏まえる必要がある。

鹿追町環境保全センター

国内でも最大規模で実績をつむバイオガス・プラントは、十勝の鹿追町の環境保全センターであ

図 4-4 鹿追町のバイオガス・プラント

出所) 吉田文和撮影

る。二〇〇七年から五年間運営されて、一一戸の農家から、家畜糞尿を毎日二台の回収車で回収している。原料投入量は六一トン/日、一日一〇回程度の投入になる。原料の平均滞留日は五二日間で、バイオガスは三二〇〇㎥/日発生し、発電機で九二%を消費している。平均発電量は、三七四二kWh/日で四五%が売電された。電力自給率は一七九%である。これまでの北海道電力による買取価格は、昼間は九・五円/kWh、夜は四・五円/kWhである。夜間の買取価格が低すぎる。実際には、自家発電できないときのための買電契約の基本料金が高いという問題がある。一年間で数時間利用だけでも契約する必要がある。六〇kW、一五〇万円になる。個別ガスプラントの鈴木牧場(士幌町)でも同じ問題が発生している。鈴木牧場の発電量は年間二一万kWh、うち五万kWhを売電、他方で二・三万kWh買電(自家発電が止まるとき)し、その基本料金が高すぎ、電力会社は電線の地下埋設も認めず、メーターも高価で、様々な規制がある。別の牧場では、道路を隔てて発電設備があるという理由で自家発電も認められなかった事例がある。

鹿追町の液肥の散布面積は五六一ha、散布量は一八万四四〇〇トンで、農家から撒布料五〇〇円／m³、液肥代金一〇〇円／m³をもらう。液肥は効果が高いので、引く手あまたであるという。

経済収支を見ると、プラント利用料金八七五万円（一万二〇〇〇円／一頭）、売電収入四九四万円、液肥散布料金九〇七万円、有機汚泥処理代金四五六万円、など合計二八〇〇万円の収入である。これに対して、支出は、人件費九五一万円（三人分）、水光熱費二五八万円、消耗品費五六八万円、修繕費二五九万円、燃料費一九一万円、委託料一五〇万円など、合計二四五九万円となり、収支とほぼとんとんとなる。しかし、これ以外に、建設補助金が約八億三四〇〇万円投入されている。これを年間に直すと、一五年償却で五六五〇万円、一日当たり一五万円となる。一日当たり発電量三七四二ｋＷｈで割ると、約四〇円／ｋＷｈとなる。これは、バイオマス推進協議会のＦＩＴ算定価格三九円に近い。

バイオガスプラントは、多面的な機能を総合評価する必要がある。発電だけでは評価できない。土壌・地下水保全効果（農業環境保全）、CO_2とメタン回収の効果（気候変動対策）、再生可能エネルギー生産効果（原発代替）を評価する、国の補助やボーナス価格制度（ドイツで実施）が必要である。

吉田弘志鹿追町長の評価

鹿追町には二万頭の牛がおり、年間四〇万トンの糞尿を処理し、環境保全センターはそのうち三万トンのみの処理なので、あと三年で二基目をつくる計画である。FITによる売電価格三九円はよい条件だが、既設分の扱いが問題である。売電価格が七―一五円／kWhであれば、なんとか採算がとれるという。バイオガス・プラントは農業施設として位置づけられ、エネルギーのみでなく、温暖化対策など、多面的機能を果たしている。地下水・土壌保全効果が大きく、国による補助金の意義がある。課題としては、設備の耐久性、発電機の問題がある。実際、発電機が故障して、そのままメタンガスを大気放出する事例もある。今回のFITでは、下水汚泥とバイオガスが同じカテゴリーになるという問題もある。

日本のバイオガス施設の問題点

バイオガス・プラントで実際に稼働しているのは、集合型では鹿追町のみで、個別型では鈴木牧場などで、稼働数が極めて少ない。かつては、北海道で五〇基近くのプラントがあった。事業者はガスを売ることに特化し、発電事業は別の主体に担わせる方がよいかもしれない、デンマークなどもそうなっている。日本は規模も小さく、コストも高く、関係者の関心・研究、農家の関心も薄い。メンテナンスコストも高く、これまで売電価格が安かったので、投入原料も飼料作物のサイレージも入れないので、発電量が上がらない。しかし価格が四〇円台になれば、サイレージ投入の可能性もある。液肥の品質は高く評価されてきている。熱利用の問題では、もともと未利用が多い。まず熱利用の徹底を図る必要がある。

今回、北海道内の自然エネルギーの利用状況を現地調査して、多くの鉄道廃線跡地と小中学校廃校の跡地にめぐりあった。この鉄道廃線跡地を送電網強化に有効利用できないか、廃校跡地を地域活性化の拠点に使えないか（実際に使っているところもある）、など考えさせられることが多かった。

【参考文献】

吉田文和・村上正俊・石井努・吉田晴代「バイオガスプラントの環境経済学的評価——北海道鹿追町を事例として」『廃棄物資源循環学会論文誌』ＶＯＬ25、二〇一四年、五七―六七頁。

（七）泊原発の再稼働なしでこの冬を乗り切ろう
――泊原発再稼働問題について（二〇一二年一一月九日）

北海道の冬は大変厳しい。とくに一月から二月は、温度が下がり、路面凍結などの問題が生ずる。本州とは異なり、電力需要も冬がピークになり、とくに二〇年前に原発ができて以来、オール電化の普及などによって、電力依存が高まってきた。原発への依存度は四〇％にもなっていた。その原発三基がいま、全部停止し、この冬をどう乗り切るか、これまでにない電力危機を北海道は迎えている。そこで、「再稼働か停電か」「再稼働か値上げか」として、当事者の北海道電力と経団連が泊原発の再稼働を迫り、これを突破口に全国の原発の再稼働に弾みをつけようとしている。そこで、私たち北海道の大学研究者一三〇名は、「泊原発の再稼働なしでこの冬を乗り切ろう」という緊急声明を二〇一二年一一月二日に発表した。政府も七％以上の節電を呼びかけている。以下、声明代表者である私の責任で、要約して内容をお知らせしたい。

泊原発は再稼働できる条件にはない

この冬の電力不足が想定されるとして、北海道電力泊原発一号機、二号機の再稼働について、当事者である北海道電力を先頭に、経団連とともに北海道の経済団体が経済産業大臣に再稼働実施の働きかけを行っている。そもそも福島第一原発の事故については、政府と国会の事故調査委員会報告がすでに公表されており、これを受けた原発の新たな安全基準づくりが求められており、新たに発足した原子力規制委員会の安全基準づくりも二〇一三年七月が目途とされる。したがって、この冬に泊原発の再稼働を求めることは、その新基準の前に再稼働を迫る異常な行動である。

原発に関する将来選択については種々意見があるが、論理的に考えて、震災前の安全基準が徹底的に見直され、それが確認されるまで原発を稼働できないことは当然の考え方である。現段階で原発を再稼働することは、近い将来再び大震災が起こることはない、という根拠のない無責任な楽観論を拠りどころにしているといわざるをえない。

現在の泊原発は、東日本大震災に匹敵する頻度で起こりうる地震と津波に耐えられないことは明らかである。しかも福島第一原発に設置されていた免震重要棟はなく、オフサイト・センターは海抜わずか四mに位置しており、移転を計画中である。また泊原発は加圧水PWR型で、ベント装置もフィルターも設置されていない。周辺の避難道路の整備も遅れている。北海道電力が泊原発で予定している、津波対策の防潮堤の完成などは二年以上先であり、指摘されている周辺の黒松内断層などの影響による送電線倒壊についても、影響評価と防止対策が明らかにされていない。

以上のような状況において、冬の電力不足を理由に泊原発の再稼働を認めることは、安全性が確認できない原発を稼働することによるリスクに北海道民をさらすことになりかねず、再稼働すべきではない。万が一の事故が起こった場合には、道央圏が放射能の汚染によって居住不可能になる場合があること、北海道の基幹産業である一次産業が大きな打撃を受けることを考えなければならない。

安全な電力確保は電力会社の社会的責務である

一方、原発を再稼働させない場合、冬の電力不足と停電のリスクの問題があり、原発再稼働のリスクかあるいは冬の停電のリスクかという、一種の「社会的ジレンマ」といわれる事態に北海道が直面しているかのような状況を呈している。この「社会的ジレンマ」を解決するには、関係当事者の責任と分担を明らかにして、一部の人々の負担に頼るのではなく、社会の構成員全員の積極的参加と議論に基づく対処と行動が不可欠である。

そこで、原発再稼働のリスクと停電のリスクの両方を避けながら、予防原則に立ち返り、安全サイドに舵を切りながら、道民が一〇%を目標に節電対策などに最大限努力、協力して節電対策を行えば、原発の再稼働は必要なくなる。そして、第三者検証により、もしどうしても火力発電による燃料代金値上げの必要性が確認できれば、その分の消費者負担も多くの道民は受け入れることになるであろう。その際はもちろん、社会的経済的弱者への配慮が不可欠である。

そうしたうえで、電力の安定供給は地域独占が許された電力会社自身の社会的責務であり、北本連系線による本州からの送電確保、自家発電の要請、予備電源の準備など、北海道電力が行うべきメニューは数多くあるので、これまでの努力を踏まえ、さらに改善に取り組むべきである。政府の需給検証委員会でも指摘されているように、北海道電力の具体的な電力確保対策、節電対策は、まだ不十分である。

道民の知恵と協力で電力危機を乗り切ろう

鉄道や病院には優先的に電力を確保することにより、道民の生活や健康・生命は確保される。泊原発ができてから、オール電化のキャンペーンなどで道内の電力消費は一・五倍になったのであり、電気を代替できる石油ストーブ、ガスストーブへの切り替えによって電力消費を抑えることができる。北海道電力は停電や計画停電を避けるように最大限努力し、一方で道民、企業等も不測の事態に備えるべきである。また住民が節電に努力できるよう節電の可視化やインセンティブの設定を一層推進すべきである。

これまでにない電力危機を、道民の協力で乗り切るべく、当事者である北海道電力は、今後、情報開示を一層積極的に行い、電力確保に努め、北海道庁をはじめ行政各機関は、各企業、道民と協力して対処すべきである。

泊原発の再稼働なしでこの冬を乗り切れるかどうかは、ひとえに北海道民の知恵と協力にかかっている。したがって当事者である北海道電力は、他の経済団体を巻き込んで、泊原発の再稼働に動くのではなく、再稼働をしないで冬の電力供給の責任を果たすために、できる限りの方策を講じるべきである。火力発電の停止の場合を想定した計画停電も避けるべく最大限努力すべきである。通常の火力発電の運転確保も保証できない技術レベルで、どうして原発を安全に再稼働できるのだろうかと、残念ながら疑問をもたざるをえない。こうなったのは、原子力に過度に投資をし、天然ガス火力発電への投資が遅れ、本当の意味でのベスト・ミックスを見失った一方で、泊原発も防災・安全対策が不十分であるという、経営のあり方の問題なのである。新しくできた原子力規制委員会の新基準の策定前に、この冬の泊原発再稼働を認めれば、原子力規制委員会そのものの存在価値が問われかねず、政府も再稼働に慎重にならざるをえない国内情勢があり、他方で、北海道の基幹産業である農業と水産業の従事者が再稼働反対で北海道知事も新基準前の再稼働に慎重な姿勢をとらざるをえない道内情勢がある。北海道電力の経営陣は、これらの情勢を理解判断することができず、いまだに再稼働に固執し、本格的な電力供給の緊急対策に腰が入らない状況はまことに遺憾で、危険な状態である。

二〇一一年八月に泊原発三号機の「無条件の営業運転開始」を容認できないという声明を出した私どもは、北海道電力が経団連や北海道の経済団体とともに泊原発の再稼働を要求しているという事態の緊急性を鑑みて、泊原発再稼働問題について声明を公表いたす次第である。

（八）「値上げ」も「再稼働」も？——北電値上げ問題（二〇一三年五月六日）

北海道電力が電力料金の値上げを申請した。申請額は、一般家庭で約一〇％である。泊原発の運転停止で、代替の石炭・石油火力発電所の燃料代がかさんでいるという。私は、今回の値上げ申請に関して、検討すべき三つの基本的問題があると考える。

北電の経営戦略の失敗

第一に、「値上げ」に至った経過と原因の問題がある。北海道電力は、福島の事故の直前に電力の四四％を原子力に依存していた。そこで、原発三基の運転停止の影響を大きく受けた。原発の依存比率の低い中部電力は、今回、値上げを申請していない。北海道電力は、電源の多様化への努力を怠り、LNG火力発電もないという状況で、原発へ資金と人材を集中して、旧型火力発電の老朽化を招いている。かつて泊原発三号機の増設をめぐる、堀北海道知事時代のエネルギー問題検討委員会において、原発依存の高さや電源多様化の遅れがすでに指摘されていたのである。せめてLNG火力発電所を建設し、ポテンシャルのある再生可能エネルギーへの道を歩み始めていれば、状況は大きく変わっていたであろう。

このような意味において、今回の問題は、これまでの北海道電力の歴代経営戦略の失敗の結果であり、ここに至った経営方針の問題と責任を明らかにする必要がある。北海道最大の企業の一つである北海道電力は、このままでは、二〇一四年三月期中に債務超過に陥る可能性があるとすれば、これは北海道経済の危機でもある重大事態である。北海道民は、誰もそのような事態を望んでいない。そうであれば、これまでの経営戦略の失敗と責任を総括し、再建の方向性を明らかにする義務が北海道電力の経営陣にはある。

不十分な経営・財務の公開性

第二に、経営財務状況の公開性と透明性の問題がある。日本の九電力は地域独占と総括原価方式のもとで競争圧力がなく、石炭・石油、ＬＮＧなどを海外から購入するにしても、世界で割高の価格で買い付けてきた。これができるのは、かかったコストをすべて電力代金に上乗せできる総括原価方式のためである。このために、電力コストの査定がこれまで極めて甘かった。民間会社と比べても高い給与水準、とくに幹部の高収入、独占企業であるので不要であると思われる広告宣伝費、様々な補助金が、すべて電力代金に上乗せされてきたのである。さらに東京電力の場合、電力会社は家庭用の電力料金(約二五円／ｋＷｈ)で利益の約九割を得ており、産業用、とくに大口用は極めて安い価格で電力を提供されてきたのである(五円／ｋＷｈともいわれている)。北海道電力の場合は、約六割の利益が家庭用からといわれているが、その詳細は明らかにされていない。

こうした財務会計の仕組や詳細については、経済産業省の委員会レベルのチェックでは不十分であり、「やらせ」問題で第三者委員会をつくって事実解明が行われたように、独立性と専門性を備えた監査機関が、料金制度や財務の実態について、独自の調査を行い、問題点を解明すべきであろう。北海道電力の経営危機の実態を明らかにする意味でも、事態は緊急度を増している。

「再稼働」問題と料金値上げ

第三に、泊原発の再稼働問題と料金値上げ問題の関連性である。そもそも「値上げ」問題が起きたのは、原発へ過度に依存してきて、原発の運転停止と代替燃料負担というところから起きた問題である。したがって新しい安全基準のもとで、泊原発の安全対策がなされるまでは、その対価としての「値上げ」は認めざるをえないと、もともと考えられてきたのである。

ところが、ここに来て、北海道電力は「再稼働」を前面に出して、その必要性を訴えながら、同時に「値上げ」も認めてほしいというかたちで問題を提起してきたのは、社長会見でも明らかである。そもそも「再稼働」問題は、これまでの不十分な安全基準と対策の問題であり、「再稼働」か「値上げ」か、という問題ではなく、独自の安全問題である。

しかし、北海道電力側は、泊原発さえ稼働すれば、すべての経営赤字問題は解消すると考えて、「再稼働」を熱望し、期待して、値上げ申請も遅れたのである。この点についても見通しの甘さがある。自民党・公明党連立政権のもとで、新しい原子力規制委員会が、厳しい基準を出して、実際に実施するかは、これからの大きな問題となるであろうが、国民の不安は根強く、「世界一の厳しい安全基準」というのであれば、相当のコストと時間がかかることは間違いなく、大きな政治的争点となるであろう。

将来のエネルギー展望をめぐる公論、フォーラムの必要性

そこで、北海道と道民に求められているのは、豊富な再生可能エネルギーを開発・利用し、北海道経済の活性化とつなげていくことであり、電力のみでなく、暖房用熱、交通機関用の石油燃料など、CO_2発生抑制を展望するなかで、北海道の電力と熱エネルギーの短期・中期・長期の計画を立て、議論しあうことである。国・道・各自治体という上からの視点、取組とともに、市町村レベルでの下からの具体的なプロジェクトの両方が不可欠である。

原発については、即時脱原発ではなくとも、原発への依存度を減らしながら、省エネをすすめ、再生可能エネルギーを利用拡大していくことでの国民・道民の合意を得ることは、それほど難しくないはずである。この厳しい冬を原発なしで乗り切った節電への道民の努力と成果に確信をもち、議論し、計画を立て、展望をもつことが、是非必要である。北海道などがイニシアティブをもって、フォーラムなどを是非提案してほしい。危機は変革へのチャンスでもあるのだ。

(九)【プルトニウムはいま】大間原発、なぜフルMOX炉を新設するのか？

(二〇一四年二月五日)

晴れた日、北海道の玄関口・函館から、建設中の大間原発(青森県大間町)がよく見える。二三㎞の津軽海峡を遮るものは何もない(写真参照)。福島の事故後、一年半の休止期間を経て建設工事が再開された電源開発(Jパワー)の大間原発は、改良型沸騰水型軽水炉(ABWR)であり、出力は日本最大の一基当たり出力一三八万kW。最大の特徴は世界初のフルMOX炉であり、燃料をすべてMOX燃料(プルトニウムとウランの混合燃料)にできる設計になっている。これは世界でも例がなく、現在までに日本で許可されているMOX燃料運転(プルサーマル)が「最大でも燃料の三分の一まで」であることを考えても、大胆な試みであることがわかる。

さらにいえば大間原発は電源開発にとって初の原発である。田中俊一原子力規制委員会委員長も、「事故を起こした日本において、三分の一炉心のMOXすら、まだまともにやっていないところで、世界でやったことのないフルMOX炉心をやるということについては、相当慎重にならざるをえない」(二〇一四年一月二二日、記者会見)と述べている。

大間原発は、本州の最北端、青森県の下北半島の大間崎に立地する。三〇㎞圏内(UPZ：緊急

図4-5　函館側から見た大間原発

出所）田村昌弘司氏撮影

時防護措置準備区域）に北海道函館市の二七万人が入り、五〇㎞圏内（ＰＰＡ）となると、青森県側の九万人に対して、道南側には三七万人が住んでいる。

実際、福島第一原発の事故結果をもとに、シミュレーションを行った結果によれば（青山貞一氏による）、函館市が大きな影響を受け、さらには遠く室蘭市まで放射能の雲（プルーム）が及ぶという。

ところが、大間原発の立地に関しては、「地元」が青森県と大間町に限定され、事故の場合に大きな影響の及ぶ可能性の高い、北海道と函館市側の意見を聞く手続きがほとんどないままに、大間原発建設が着工され（二〇〇八年）、東日本大震災のあと、いったん休止されていた建設工事が再開された（二〇一二年一〇月）。本州のさいはてにリスクの高いフルＭＯＸ炉を立地させるつもりであったのであろうが、福島原発事故のあとでは、海峡の北にある北海道と函館市という人口の多い地域が、事故の心配をせざるをえない地域になってしまった。

原発、フルMOX、再処理工場。三つの核リスク

二〇一二年九月一四日、当時の民主党政権は、革新的エネルギー・環境戦略を発表し、「二〇三〇年代に原発ゼロを目指す」「新設・増設は行わない」という考えを示したにもかかわらず、翌日の九月一五日には、経済産業大臣が青森県知事に対して「すでに設置許可を与えている原発について、これを変更することは考えていない」と述べ、さらに九月一八日には、内閣官房長官も同様の立場を表明した。これを受けて、電源開発は三・一一以降、休止していた大間原発の建設工事（三七％）を再開するに至った（二〇一二年一〇月）。

四〇年で廃炉という原則に照らしてみて、二〇三〇年代に原発ゼロを目指すのであれば、これからの原発建設はありえないはずである。にもかかわらず、大間原発については、民主党政権は従来の方針を変えることができず、九月一四日の革新的エネルギー・環境戦略が、国のエネルギー・原子力戦略の根幹に関わる核燃料サイクル政策については、見直しを行わず、既存の方針を踏襲したことを意味する。

フルMOXの大間原発と、同じ青森県の六ヶ所村に立地する使用済み核燃料の再処理施設は深いつながりがある。それは、電源開発の函館市への回答書（二〇一二年一〇月三一日）で、大間原発について、「核燃料リサイクルの中核的担い手である軽水炉によるMOX燃料利用計画の柔軟性を拡げるという政策的位置づけ」と述べていることに示されている。その再処理方針を民主党政権が変更できなかったのは、再処理中止の場合、使用済み燃料の県外移送が自民党・公明党連立政権下の契約書にあり、さらに日米連携の原発輸出計画が検討され、それと関連して、「輸出」した原発の使用済み燃料を六ヶ所村で再処理する案もあったためであると、菅直人元首相が証言している（『東洋経済』二〇一三年七月二〇日号、九一頁）。

安倍首相は、建設中の大間原発と島根三号機について「新増設には入らないだろう」として両原発の建設容認の考えを明らかにしている（NHK、二〇一四年一月一九日）。しかし、大間原発は従来の原子炉の立地、運転とは異なる、以下のような特質と問題点がある。

近くの海底に長大な活断層の可能性

まず、原子炉そのものに関して、

（一）世界で初めてプルトニウムとウランを混合したMOX燃料を一〇〇％使う、一基当たり出力も世界最大級である。

（二）その使用済みMOX燃料の行き場が決まっていない。

立地に関して、

（三）大間原発付近の海底に、長大な活断層が存在する可能性が変動地形学者から指摘されている。大間崎弁天島の北方海域に南傾斜の四〇km以上の活断層があるとされ、さらに南西四〇―五〇kmの海域で平館海峡撓曲は活断層であると指摘されている。原子炉建屋直下に分布する「シームS

―一〇」も活断層の疑いが濃い。

(四) 大間原発が東日本火山帯の上に建設される問題点も指摘されている。青森県側で一五―二八㎞の範囲に三つの火山(恐山等)、北海道側にも北側約二六―三九㎞の範囲に二つの火山(恵山等)が存在し、かつ敷地内には、現に溶岩の貫入や火山堆積物が厚く堆積している。

(五) 津軽海峡という公海に面した大間原発は、国際海峡と三海里(五・五㎞)しかなく、テロの絶好の標的になる可能性がある。

(六) さらに立地と施設の基準に関して、電源開発は、原子力規制委員会による安全審査手続きに入る「原子炉設置変更許可申請」を二〇一四年春以降に予定しているが、フルMOX炉は核分裂の制御が難しいとされており、商業発電はこれまで世界でも例がない。しかも、電源開発は通常の原発の運転経験さえもまだない。

(七) 立地手続きについても、旧来のまま、地元の範囲が極めて狭く、福島の事故を踏まえた制度改正が行われていない。函館市側の意見聴取は第二次公開ヒアリングで一回あったのみである(二〇〇五年一〇月)。

(八) 環境影響評価についても、温排水による海や漁業への影響、函館市に水揚げされる海産物の風評被害などへの懸念が出されているにもかかわらず(函館市議会意見書、二〇〇八年六月)、十分に検討されていない。

以上の八つの問題点のうち、福島の事故を経験した現在、とくに㈥の地震と活断層、フルMOXの安全性、過酷事故対策などが従来のままの基準で、建設工事の再開がされ、㈦地元の範囲が狭く、被害地元となりうる周辺地域の意見・懸念が聞き届けられないまま、であるところが最大の問題点である。建設再開の動きに対して、「被害地元」になりうる函館市と北海道市長会が、建設凍結を求めているのは当然である。大間原発の運転には、UPZ三〇km圏内の函館市の防災計画が必要であり、函館市長が計画策定は考えていないことを表明している。

函館市は大間原発から遮蔽物もなく、最短距離が一八kmであり、福島の事故を踏まえて、国と電源開発に対して、事故が起きた場合、「自治体崩壊という壊滅的な被害を受ける危険にさらされる」と、大間原発建設差し止めを提訴している。またこれより先、二〇一〇年には住民による建設差し止めの訴訟も始まっている。

しかし、国と電源開発は、問題を函館市とその周辺に限定、ローカル化することによって、全国への波及を抑え、核燃料再処理施設と結びつけて大間原発の立地を強行しようとしているのである。この問題について、せめて北海道全体の取組にする必要がある。

北海道全体で見ると、今後、南側の青森県側に六ヶ所村の核燃料再処理施設が運転開始し、さらに大間原発ができ、道北に高レベル放射性廃棄物の実験施設が核抜きではあれ存在し、道央に泊原発の三基が運転されれば、北海道は三つの核のリスクに直面することを、十分に自覚するべきである。大間原発の建設は三七％の進捗率であり、まだ引き返すことのできる時点にある。三・一一を体験した日本が、ここでも試されているのである。

【参考文献】
稲沢潤子・三浦協子『大間・新原発を止めろ――核燃サイクルのための専用炉』大月書店、二〇一四年
青山貞一「Jパワー大間原発事故時シミュレーション」二〇一三年五月二六日、北海道放送　https://www.youtube.com/watch?v=QM7eUKFWtH4

(一〇) 高レベル放射性廃棄物を環境・廃棄物経済学から考える

（二〇一四年五月一日）

原子力利用に伴う長期的リスクとして高レベル放射性廃棄物問題がある。この問題について、原子力委員会から日本学術会議に対して、審議依頼が行われた（二〇一〇年九月）。とくに「地層処分施設選定に関する説明や情報提供のあり方」の提言を求めた。これに対する回答が『高レベル放射性廃棄物の処分について』（二〇一二年九月）として公表された。

この回答は高レベル放射性廃棄物の「暫定保管」と「総量管理」を提案したものとして注目された。現在、回答のフォローアップ委員会が行われており、私も参考人として意見を述べる機会があった（二〇一四年四月一四日）。

私の報告の目的は次の三点であった。

（一）　日本学術会議回答『高レベル放射性廃棄物の処分について』を、環境・廃棄物経済学から補足・補強する立場から報告する。

（二）　日本の「辺境」である北海道に三六年間、居住生活し、研究してきた見聞・研究結果に基づき報告する。

図 4-6　日本原子力研究開発機構（旧核燃料サイクル機構）の幌延深地層研究センター

出所）吉田文和撮影

（三）　プルトニウム（東海村，セラフィールド）を見た経済学者として核燃料再処理と高レベル放射性廃棄物問題を考える。

日本学術会議「回答」における「現状および問題点」認識

日本学術会議「回答」における「現状および問題点」認識で一番重要な指摘は、「エネルギー政策・原子力政策における社会的合意の欠如のまま、高レベル放射性廃棄物の最終処分地選定への合意形成を求めるという転倒した手続き」にあったという点である。北海道における幌延問題（一九八〇年代から）、大間原発立地への函館市の訴訟に見られるように、経済的誘導策が先行し、地元周辺からの反対に遭遇するというパターンが繰り返されているが、それは地元の範囲が実際に影響を受ける範囲よりも極めて狭いという問題が背景にある。

環境経済学・廃棄物経済学の立場から「通常の廃棄物の処理、処分の原則」を考えると、以下のような点が重要な原則である。

- 廃棄物の無害化処理、処分の原則
- 工場立地と廃棄物処理・処分場の確保
- 廃棄物発生者の第一次的発生者責任と費用負担
- 廃棄物処分場の管理責任
- 「廃棄物のフロー」と「廃棄物のストック」の区別と関連をつける
- 天然資源の消費を控え、環境負荷をできる限り下げる3R(reduce, reuse, recycle)原則

以上は、「廃棄物処理法」「循環型社会形成推進基本法」で詳細に規定されているが、放射性廃棄物は、そこから除外されてきた。

これに対して、放射性廃棄物の特性は以下の諸点と問題にあるといわれてきた。

- 有害性の除去の困難性
- 人類生存圏からの隔離可能性
- 超長期にわたる管理・保管の必要性
- 使用済み核燃料の再処理、プルトニウムの分離と高レベル放射性廃棄物の発生
- 軍事利用と関連する問題
- 廃炉と事故炉(福島)の処理問題

・制度上の問題：国策民営、発生者責任の不明確、処分地選定の先行
以上の諸点を念頭に置いて、学術会議回答の提起に沿って議論する。

（一）　高レベル放射性廃棄物の処分に関する政策の抜本的見直し

「特定放射性廃棄物の最終処分に関する法律」(二〇〇〇年)で、地層処分の方針が出されたが、原子力委員会による使用済み核燃料の「全量再処理」方針の見直し(二〇一一年以降)も検討中である。日本では、「再処理」を行うという基本方針のために、結果として高レベル放射性廃棄物が発生するので、従来の政策枠組の抜本的見直しが必要である。多額の費用と期間をかけても、再処理施設が完成せず、高速増殖炉も完成の見通しすらないにもかかわらず、再処理方針の抜本的見直しが先延ばしされている問題があり、日本的「プロジェクト不滅の法則」「無責任の体系」(丸山眞男)と指摘される問題群であり、回答が高レベル放射性廃棄物の処分に関する政策の抜本的見直しを提言しているのは当然である。

（二）　科学・技術的能力の限界の認識と科学的自律性の確保

回答は、「科学・技術的能力の限界の認識と科学的自律性の確保」を提言し、「超長期にわたる安全性と危険性に関する科学的知見の限界」「自律性のある科学者集団(認識共同体)による、専門的独立的検討、討論の場確保」を提言しているのは、これまた当然のことである。日本における各省庁の諮問機関である審議会方式の問題と限界があり、ドイツのような、原子力以外の専門

家による倫理委員会や国会アンケート委員会をつくり、公聴会を開き、専門家が政治家・国民と対話できる場をつくるべきである。

(三)　暫定保管・総量管理を柱とした政策枠組の再構築

回答は、「原子力政策に関する大局的方針について国民的合意が欠如したまま、最終処分地選定という個別的な問題を先行」してきたと指摘し、これに対して「高レベル放射性廃棄物」の「暫定保管」と「総量管理」を提言している。

「暫定保管」に関しては、現段階における有害性の除去と超長期にわたる管理の必要性を考えると、処理技術の進歩を考え、また管理のために、取り出し可能なかたちで「暫定保管」することを検討すべきである。

「総量管理」に関しては、廃棄物のストックとフローを考慮して、とりあえずすでに発生しているストック分だけでも処理量と方法を検討する。フロー発生分については、脱原発をめぐる国民的議論と決定が必要である。

(四)　負担の公平性に対する説得力ある政策決定手続きの必要性

回答は「負担の公平性に対する説得力ある政策決定手続きの必要性」を提言し、「従来方式では受益圏と受苦圏が分離する不公平」「電源三法などの金銭的誘導方式の限界と問題」を指摘し、「負担の公平・不公平問題への対処、科学的知見を反映させる方法」を提言している。これは幌延問題、大間原発立地問題での事例から見ても重要である。

（五）　討論の場の設置による多段階合意形成の手続きの必要性

回答は「討論の場の設置による多段階合意形成の手続きの必要性」を提言している。「様々なステークホルダーが参加する討論の場を多段階に設置すること」「公正な立場にある第三者が討論過程をコーディネイトすること」「最新の科学的知見が共有認識を実現する基盤となる」という指摘は重要であり、脱原発をめぐる国民的議論（二〇一二年）の検証が必要である。

（六）　問題解決には長期的な粘り強い取組が必要であることへの認識

回答は「問題解決には長期的な粘り強い取組が必要であることへの認識」を強調している。「高レベル放射性廃棄物の処分問題は、千年・万年の時間軸で考えなければならない」「限られたステークホルダーの間での合意を軸に合意形成を進め、これを当該地域への経済的な支援を組み合わせるという手法は……行き詰まる」という当然の指摘であり、将来世代への責任を果たすという認識と合意が必要である。関連して、私見では放射性廃棄物問題について、「トイレなきマンション」という表現は誤解を招き、急いでトイレをつくれという議論になる。

幌延町立地の経過と問題点

ここで、具体的に北海道における「核関連施設誘致問題」を幌延町において見ておきたい（表4-1参照）。

幌延町は、道北の利尻・礼文・サロベツ国立公園（湿地帯）に隣接する地域であり、一九八二年の

表 4-1 幌延町の核関連施設誘致の主な経緯

1980.11	佐野町長，議員が福島第1原発視察
1982. 3	町長，放射性廃棄物施設の誘致を表明
1984. 7	町議会が貯蔵施設の誘致促進を決議
1984. 8	動燃が貯蔵工学センターの概要公表
1985.11	動燃が現地踏査を強行
1990. 7	道議会が貯蔵工学センター設置反対決議
1994	原子力委員会「原子力の研究，開発，利用に関する長期計画」で幌延町貯蔵工学センターに言及
2000. 5	地層処分を決めた法律が成立
2000.10	放射性廃棄物は「受け入れ難い」道条例
2000.11	道と幌延町，核燃料サイクル機構が三者協定締結
2001. 4	核燃料サイクル機構幌延深地層研究センター開所
2012. 1	同センター立坑 300 m に達する

出所）北海道新聞社『原子力 負の遺産』2013 年，45 頁

国際学術連合（ICSU）放射性廃棄物処分委員会の指摘する貯蔵地・処分地の条件である、㈠活断層、㈡地下水、㈢割れ目、㈣火山、㈤地下資源（将来の採掘の可能性）、㈥地震、のない場所ではない（日弁連『高レベル放射性廃棄物問題調査研究報告書』一九九〇年）。

酪農地帯がなぜ、核関連施設を誘致したのか？ 背景として、町政の実権を土建業者が握り、施設誘致による補助金、関連事業を狙い、酪農業も多額の負債を抱える。補助金を基金にして負債減額を図るという宣伝もあった。雪印バター工場と北大天塩演習林という二大事業者があったので、自立志向が弱い。人口過疎地（二五〇〇人）なので、動燃（動力炉・核燃料開発事業団）側が補償金を払うとしても、総額が少なくてよいという「計算」もあった。

当時、科学技術庁の意向を受けて、動燃は、計画を強行しようとし、周辺自治体と北海道知事の反対にあうが、強行姿勢を崩さず、膠着状態となる。二〇〇〇年代に入り、「核抜き」の深地層研究センターとして妥協と決着が図ら

れる（滝川康治『核に揺れる北の大地』七つ森書館、二〇〇一年）。

まとめ

日本学術会議回答『高レベル放射性廃棄物の処分について』の内容を基本的に支持し、環境・廃棄物経済学から補足・補強する立場から報告した。

日本の場合、とくに使用済み核燃料の再処理問題を根本的に再検討する必要があり、高レベル放射性廃棄物処分問題もこれと密接に結びついている。

核関連施設の立地に関しては、「地元」の範囲の設定が極めて重要である。被害地元になりうる地域や実際に防災計画をつくらなければならない地域が、立地決定に発言できないという理不尽さが問題である。

【参考文献】
日本学術会議『高レベル放射性廃棄物の処分について』二〇一二年九月　http://www.scj.go.jp/ja/info/kohyo/pdf/kohyo-22-k159-1.pdf

（一一）サムスン電子で起きたハイテク労災問題（二〇一四年五月二七日）

韓国で起きた旅客船沈没事故は、改めて安全無視型の経済急成長の問題点を世界に示したが、もう一つの事例が韓国を代表する世界企業、サムスン電子の労災問題である。この問題は、半導体製造による労働環境問題として「ハイテク汚染」の現代版であると同時に、便利な携帯電話に潜む安全環境問題を明らかにしている。

白血病などが多発

サムスン電子は、世界のトップ企業の一つで、売上二二兆円（二〇一三年一二月期）、アップルの売上一七兆円を超える。サムスンのスマートフォンの世界シェアは三五％を占め、半導体（DRAM）は四〇％にもなるという。従業員は三六万人を超える多国籍企業である。サムスングループは、韓国のGDPの二割を占める巨大企業で大きな影響力をもつ。

しかしスマートフォン生産、その部品である半導体生産の裏側で、多くの労働災害が起きている。韓国サムスンの関連死亡者は二〇一三年に入り、合計七〇人以上にのぼり、白血病患者は一八〇人を超えると報道された。半導体工場での発生事例が多い。サムスンの白血病問題が明らかになって

表4-2　サムスン電子と子会社の労働災害（2012年6月までの累計）

部　　門	事　例	死亡事例
サムスン電子半導体	91	32
サムスン電子LCD	17	8
サムスン電子携帯電話	11	7
サムスンエレクトリック	12	7
サムスンSDI	10	2
サムスンテクウイン	4	0
総　　数	145	56

原資料）Supporters for the Health And Rights of People in the Semiconductor industry (SHARPS).
出所）Asian Monitor Resource Center, Labour Rights in High Tech Electronics, 2013, p. 43

七年近くの間、白血病だけでなく脳腫瘍・乳癌・子宮頸部癌・皮膚癌・生殖障害を訴えるサムスン労働者一六〇人余りの情報提供が「SHARPS」（半導体労働者の健康と人権を守る団体）に相次いで寄せられている（表4-2参照）。

それによれば、最近労災と認められた再生不良性貧血は、白血病、リンパ腫など、リンパ造血系疾患である。とくに白血病やリンパ腫、再生不良性貧血は重症の血液疾患で、放射線への露出や、ベンゼンなどの発癌物質に露出したときに発生する。国際学術誌である職業環境保健国際ジャーナル（International Journal of Occupational and Environmental Health）二〇一二年七月（季刊四―六月号）に、韓国職業環境医学女性専門家四人の共同論文「韓国半導体産業労働者にあらわれた白血病と非ホジキンリンパ腫問題」が特別寄稿（special contribution）された。この学術誌はまた、編集者総説でも「電子産業労働者の癌危険を理解するための英雄的闘争：サムスンの事例」という題名でサムスン電子の白血病問題を詳しく紹介している。

この論文で二〇〇七年一一月から二〇一一年一月の間にサムスン器興(キフン)工場で発生した白血病と非ホジキンリンパ腫事例一七件の特性を記述して、この病気にかかった労働者の診断当時の年齢が平均二八・五歳であり、入社から診断までの平均潜伏期は一〇四・三カ月(八年八カ月)だったと明らかにしている。

初めての公式謝罪

事件発生以来七年近くがたち、旅客船沈没事件の影響もあってか、ようやくサムスン電子が二〇一四年五月一四日、事業場での白血病など労働災害に対し被害者側に公式の謝罪と要求事項を受け入れるという立場を明らかにした。

サムスン電子の権五鉉(クォン・オヒョン)副会長はこの日午前に記者会見を行い、「半導体事業場で勤務し労働災害が疑われる疾患で闘病中または死亡した従業員と家族にしかるべき補償をする」と明らかにした。サムスン側は、▽家族らの提案に基づき公正で客観的な第三の仲裁機関を構成し▽仲裁機関で補償基準と対象などが定まればこれに従い▽発病当事者・遺族が勤労福祉公団を相手に出した産業災害訴訟に関与してきたこともやめると明らかにした(『中央日報』日本語版二〇一四年五月一五日付)。

サムスン電子半導体工場での白血病問題は二〇〇七年三月、器興工場(京畿道竜仁市)で働いていた女性社員(当時二二歳)が急性白血病で死亡したのを機に世間に知られるようになった。その後、白血病や癌を発病した社員たちが相次いで労災申請や行政訴訟を行った。二〇一四年初めに公開された映画『もうひとつの約束』は、サムスン電子の白血病・癌患者にスポットを当てた映画である。これまでこの問題を指摘し続けてきた団体は二〇一三年「サムスングループの中で（白血病などの）職業病を訴える人は一八一人に上る」と主張し、半導体工場に勤務していて癌を発病した従業員一〇人について、労災申請を行っていた（『朝鮮日報』日本語版二〇一四年五月一五日付）。

サムスン電子側は、工場労働と発病との因果関係を認めたわけではなく、あくまで「財政支援」（同社関係者）だとしているものの（『朝日新聞』二〇一四年五月一五日付）、公式に謝罪したことの意義は大きい。

携帯電話は便利な道具だが、手段としての携帯電話に振り回されてはならないし、携帯電話の心臓部にあたる半導体製造に伴う電磁波や放射線、化学物質による労働安全衛生問題があること、安全無視型の経済急成長に伴う様々な「負の部分」があることを知るべきである。

【参考文献】

Supporters for the Health And Rights of People in the Semiconductor industry.(SHARPS) http://stopsamsung.wordpress.com/

（一二）原発再稼働とセットの再値上げの問題（二〇一四年八月一一日）

北海道電力が全国に先駆けて電力料金の再値上げ（家庭用一七・三％）を申請した。二〇一三年九月の値上げに続くものであり、これにより北海道電力の家庭用電力負担は全国で最高となる。一月千円の増加で、標準家庭で月額八四九四円、オール電化の場合、負担は三割増となる。漁業、農業、産業への影響も深刻である。道内自治体も照明、地下鉄、ロードヒーティングなど負担増を強いられる。

北海道電力が再値上げを申請するに至ったのは、泊原発の再稼働審査が遅れているためであるとされている。しかし今回の再値上げは、泊原発の二〇一五年秋から二〇一六年春にかけての再稼働を前提にした計算に基づくものであり、その意味で今回の再値上げは、「原発の再稼働とセット」である点が重要である。

何よりも明確にしなければならないのは、ここに至った北海道電力の判断の甘さと経営の責任であり、原発さえ再稼働すれば問題は解決するという長期的展望の欠如である。

高い原発依存が指摘されていた

思い起こせば、一九九〇年代に泊原発三号機増設問題が起き、それをめぐり北海道にエネルギー問題委員会が設置され、私も参加して三年以上にわたり議論が行われた。そのなかで北海道電力の原発依存度の高さが問題となった。日本の一〇電力のなかで、天然ガス火力発電もなく、東京電力の一〇分の一の経営規模で高い原発依存度の問題が指摘され、再生可能エネルギーの利用拡大も提起されたが、結局三号機は設置許可され、二〇〇九年から稼働を始めた。今回の事態は、当時我々が指摘した問題点が残念ながら正しかったことを示している。

原発の再稼働問題は、東日本大震災と東京電力福島第一原子力発電所の事故が起き、その余波を受けたものであるという意識が北海道電力には強い。しかし、北海道電力自身も泊原発一号機と二号機が一九九三年の北海道南西沖地震（奥尻島の津波被害）による津波の影響を受け、津波の引き潮で原子炉が冷却できなくなる寸前までいったのである。

これは私が北海道電力の幹部から直接聞いた話である。その教訓を生かしていれば、地震・津波への対策が強められ、福島第一原発の事故も防ぐことができた可能性があるが、それを怠ったのである。その責任は国の安全規制と電力会社自身にある。また電力会社は国の原子力・エネルギー政策に従ってきたのだから、国が面倒を見るべきだという「もたれあい」の構造も問題の背景にある。

先にも述べたように、問題は「再値上げか再稼働か」というかたちで提起されているのではなく、「再値上げと再稼働」がセットで提起されているところにある。再稼働に反対ならば再値上げを認めろという選択肢ではないのである。

再値上げの原因とされる石炭・石油などの化石燃料代金は、日本は世界的にも高めの水準で購入しており、経営合理化の努力が問われるのである。今回は、電力各社のうちで、東京電力、東北電力、中部電力、北陸電力、中国電力、四国電力は、経営合理化のなかで、原発ゼロ稼働でも黒字を出しているのである。

甘い「原発さえ動けば……」

泊原発の再稼働について、北海道電力の見通しは極めて甘いといわざるをえない。三号機の再稼働の資料を、炉心冷却のループのシステムが全然違う一号機と二号機の申請資料に流用して、田中俊一原子力規制委員会委員長から「代替受験」だと批判されて、審査を後回しにされた（二〇一三年七月二四日）。基準地震動を確定するための地震データの収集も遅れている。北海道電力は東京電力の一〇分の一の経営規模で三基の原発をもち、原発依存度が高すぎるわりには、地震・津波・周辺環境に関する専門家は社内にほとんどおらず、外部のコンサルタントに頼り、肝心の原発の運転そのものについても、メーカーの三菱重工だのみであるといわれている。

原子力規制委員会の審査の進行にもよるが、他の電力会社と比べても、北海道電力の体制は見劣りがし、現在審査申請がされているものの最後になる可能性が強い。

現在、泊原発では、地震・津波対策として多額の費用をかけて設備の増強、防潮堤の建設が行われているなかで、免震重要棟は、まだ手つかずの状態である。一号機、二号機はすでに運転開始から二〇年以上たち、減価償却も終わり、三号機のみが残り四〇年近くの稼働の可能性があるものの、その先の見通しは不透明である。再稼働のための防潮堤などの設備増強で一六〇〇億円の資金（二〇一一―二〇一八年）を使うのであれば、将来の持続可能なエネルギー利用のために、送電線、再生可能エネルギー拡大、天然ガス火力導入などに使うことがはるかに意味のある投資になる。札幌市などは都心まちづくり計画のなかで、省エネ建物、熱電併給システム、木質バイオマス利用、などによるCO_2削減と原発依存度の低下を目指した計画が検討されている。

電力の自由化のみならず、ガス事業の自由化も全国レベルで提起されており、積雪寒冷地の北海道に対応して、北海道電力は電力のみならず、熱供給も視野に入れ、総合エネルギー会社として再出発することが求められている。

原発さえ動けばなんとかなる、問題は解決するとやってきた経営戦略が破綻したのであり、その原因の真摯な反省と長期的な見通しなしには、この深刻な危機を乗り切ることはできないのである。

あとがき

一九七八年に初めて北海道に足をふみいれ、それ以来三六年にわたり、北海道大学で産業技術論と環境経済学の研究と教育に励むことができ、恵まれた研究環境と自然環境を提供されたことに感謝の気持ちでいっぱいである。その間、私は主に、公害問題、廃棄物問題、ハイテク汚染、エネルギーと環境問題などについて、経済学の立場から研究を続けてきた。

一九七八年に北海道大学に赴任した当時、北海道内の石炭鉱山の事故と閉山問題というエネルギー問題がちょうど起きていた。京都大学時代の修士論文で、石炭から石油へのエネルギー革命をテーマにした論文をまとめていたので、石炭鉱山の実際に触れたいと思い、当時の北大工学部の諸先生、磯部俊郎先生、木下重教先生、佐藤一彦先生(現室蘭工大学長)の教えを乞い、鉱山の見学調査を行い、北大『経済学研究』誌に論文を書くことができた。また、ＳＴＶ会館の地下室に保存されていた北海道炭礦汽船株式会社の社史資料を発見し、北海道開拓記念館に寄託資料とさせてもらった。

一九八〇年代に入り、北海道電力の泊原発が建設計画され、建設予定地にあった国道の付け替え道路の建設や周辺農産物の風評被害調査を行った記憶がある。一九八〇年代後半になると、道北の幌延町における高レベル放射性廃棄物の処分場建設問題が起き、同町にある北大天塩演習林に、学生諸君と泊まり込み、神沼公一郎先生のご協力で、酪農家と土建業者、町役場の聞き取り調査を行った。土建業の地域政治支配の実態を知ることができた(日弁連『高レベル放射性廃棄物問題調査研究報告書』一九九〇年参照)。

一九九〇年代に入ると、北海道電力泊原発三号機増設問題が起き、一九九七年に北海道庁にエネルギー問題検討委員会が設置され、私もメンバーの一人として加わり、三年半にわたり、調査検討と議論を行った。当時からガス火力発電もない原子力依存度の高さ(四〇%以上)、再生可能エネルギーの賦存量の多い北海道における利用可能性や熱利用について、詳しいデータをあげて指摘され、それは北海道エネルギー問題検討委員会報告書と資料集に記載されている(一九九九年)。現在の北電泊原発の再稼働問題と再値上げ問題につながる基本問題は、すでに十分議論され、指摘されていたのである。

その委員会の最終段階になって、北海道電力の幹部の一人が私の研究室に、泊原発三号機建設を認めてほしいと説得に来られた。その際に、一九九三年に起きた北海道南西沖地震(奥尻島の津波被害)で、すでに稼働していた泊原発一号機、二号機が津波の引き潮の影響を受け、冷却水喪失寸前で「危なかった」と告白された。私はそのとき、日本の原発立地に伴うリスクの一つとして認識したが、それ以上は追及しなかった。

いまにして思えば、北海道電力は当時の原子力安全委員会にも報告したはずであるが、本格的な地震・津波のリスクの再検討は北海道でも日本全体でも行われることはなかった。大きな事故の前には小さな事故の積み重ねがあり、それをいかに汲み取るかが「失敗学」の教訓である。

私は、原子力、原子力発電については、長年の産業技術論の講義において、原子力開発の歴史や問題点、放射性廃棄物や事故のリスク(TMI(スリーマイル島)、チェルノブイリ)などについて扱い、環境経済学のテキスト(『環境経済学講義』岩波書店、二〇一〇年)においても取り上げてきた。

しかし、二〇一一年三月一一日に起きた東日本大震災や福島第一原発の事故については、予想外の出来事であり、私は原発事故が日本で起きるとすれば、韓国で起きて日本に影響が及ぶ可能性が高いと考えていた。だが、これは全く不十分であり、足元の日本の状況についての無知であったと深く反省せねばならない。

二〇〇八年の北海道洞爺湖サミットをきっかけに始まった北海道大学の低炭素社会づくり教育研究プロジェクトで、再生可能エネルギーと省エネに関する調査研究をすでに始めていたおりでもあり、三月一一日以降の事態により原発事故と脱原発、再生可能エネルギーと省エネ、温暖化対策について、本格的に取り組むことになったのである。

ちょうど、二〇一一年初めから朝日新聞WEBRONZAに寄稿する機会を与えられていた。担当の竹内敬二編集委員に深く感謝する次第である。本論集は、その寄稿論文をテーマ別に時系列に再編したものであり、事実関係や誤記の訂正以外は、原文のまま掲載している。「同時代への発言」としたのはそのためであり、その後の事態の展開が私の指摘したようになったかどうかを第三者から確かめられるようにした。

本書は、私の北海道大学における最後の三年半にわたる、同時代に起きたエネルギー環境問題への発言を取りまとめたものであり、私の研究の出発点の一つに戻る歩みでもある。本書が時代の検証に耐えうるものであることを願っているが、それは、読者によって判断され、歴史が検証するものである。

また、本書出版にあたり、北海道大学出版会の今中智佳子さんには、ベルリン滞在中に連絡しながらの校正で大変お世話になった。御礼申し上げたい。

この機会に、長年にわたり、私の北海道大学における研究教育を支えていただいた諸先生方、事務職の方々、学生諸君、そして最後に妻であり共同研究者である吉田晴代に深く感謝したい。

吉田文和

吉田文和(よしだ ふみかず)

1950年生まれ，兵庫県出身，京都大学大学院経済学研究科博士課程修了，経済学博士，現在，北海道大学大学院経済学研究科特任教授。専門は，環境経済学，産業技術論。主著として，『ハイテク汚染』岩波新書，1989年，『環境経済学講義』岩波書店，2010年，『グリーン・エコノミー』中央公論新書，2011年，『脱原発時代の北海道』北海道新聞社，2012年，『ドイツ脱原発倫理委員会報告』(ミランダ・シュラーズ共訳・解説)大月書店，2013年ほか。最近は低炭素経済と再生可能エネルギーの普及に関心をもつ。札幌郊外の野幌原始林の近くに住み，自然観察と散歩を趣味とする。

脱原発と再生可能エネルギー——同時代への発言

2015年2月10日　第1刷発行

著　者　吉田文和
発行者　櫻井義秀

発行所　北海道大学出版会
札幌市北区北9条西8丁目 北海道大学構内(〒060-0809)
Tel. 011(747)2308・Fax. 011(736)8605・http://www.hup.gr.jp

アイワード

ISBN978-4-8329-3393-4